U0160274

工厂管理"书+课"系列图书

制造企业全面设备维护手册

视频讲解版

郑时勇◎主编

人民邮电出版社

北京

图书在版编目（CIP）数据

制造企业全面设备维护手册：视频讲解版 / 郑时勇
主编. -- 北京：人民邮电出版社，2022.6
（工厂管理"书+课"系列图书）
ISBN 978-7-115-58837-1

Ⅰ．①制… Ⅱ．①郑… Ⅲ．①工业生产设备－维修－
手册 Ⅳ．①TB4-62

中国版本图书馆CIP数据核字(2022)第040260号

内 容 提 要

本书以全面设备维护（TPM）为核心，对照 TPM 的基本原理和方法，分析制造企业在全面设备维护实施中的重点，鼓励全员参与全面设备维护，从而减少因为设备故障造成的停工损失。本书对 TPM 前期管理、TPM 个别改善、TPM 计划保全、TPM 品质保养、TPM 事务改善、TPM 环境改善、TPM 教育培训等方面进行了详细讲解，旨在帮助制造企业科学开展 TPM 活动，以全员参与、团队合作的方式，创建并维持优良的设备管理系统，提高设备利用率，从而全面提高生产系统的运作效率。

本书适合制造企业的中高层管理者、工厂设备管理人员、质量管理部门负责人、生产现场的管理者和操作人员，以及与设备管理相关的各岗位人员阅读。

◆ 主　　编　郑时勇
　　责任编辑　陈斯雯　程珍珍
　　责任印制　彭志环
◆ 人民邮电出版社出版发行　　北京市丰台区成寿寺路 11 号
　　邮编　100164　电子邮件　315@ptpress.com.cn
　　网址　https://www.ptpress.com.cn
　　北京天宇星印刷厂印刷
◆ 开本：700×1000　1/16
　　印张：16.5　　　　　　　　　　2022 年 6 月第 1 版
　　字数：350 千字　　　　　　　　2022 年 6 月北京第 1 次印刷

定　价：79.00 元

读者服务热线：（010）81055656　印装质量热线：（010）81055316
反盗版热线：（010）81055315
广告经营许可证：京东市监广登字 20170147 号

前言
Preface

制造业是国民经济的主体，是立国之本、兴国之器、强国之基。党的十九大报告明确指出，加快建设制造强国，加快发展先进制造业。建设制造强国，需要继续做好信息化和工业化深度融合这篇大文章，推进智能制造，推动制造业加速向数字化、网络化、智能化发展。制造强国战略明确提出，"以加快新一代信息技术与制造业深度融合为主线，以推进智能制造为主攻方向""实现制造业由大变强的历史跨越"。

可以预见的是，国家大力扶持智能制造、制造转型，势必给众多产业带来新一轮的发展机遇。当前，"制造强国"进入全面部署、加快实施、深入推进的新阶段，企业实现智能转型的愿望非常迫切。

精益生产管理方式是目前公认的较适合我国国情的一种提升企业效益的有效手段，但目前企业的应用状况却不尽人意，其原因之一是企业管理者专业知识不够，或者是学习到的方法缺乏实战性，还有一个非常重要的原因是企业管理者缺乏精益生产推行的实用工具，掌握更多的仅是一些思想或理念。

基于此，"制造强国"工厂管理水平升级项目研发中心邀请制造业实战专家，开发了工厂管理"书+课"系列图书，内容涵盖了生产一线管理的各个方面。其中，《制造企业全面设备维护手册（视频讲解版）》一书由TPM前期管理、TPM个别改善、TPM计划保全、TPM品质保养、TPM事务改善、TPM环境改善、TPM教育培训等内容组成，可以帮助企业减少设备故障的损失，提高生产系统运作效率。同时，本书配有配套视频课程，对制造企业全面设备维护的相关内容进行详细解读，帮助制造企业各级管理人员和设备管理人员快速掌握全面设备维护的有效方法。

由于编者水平有限，书中难免存在疏漏与不妥之处，敬请读者批评指正。

编者

目录
Contents

开展TPM活动就是通过全员参与，以团队工作的方式创建优良的设备管理系统，提高设备利用率，从而全面提高生产系统的运作效率，保证生产计划的高效执行，有效地降低企业的制造成本。

　　前期管理是TPM管理的重要部分。为了适应生产的发展，必定有新设备不断投入，企业要形成一种机制，以减少维修、免维修的思想设计出符合生产要求的设备，按性能、价格、工艺等要求对设备进行最优化规划和布置，并对设备的操作和维修人员进行系统的培训，以确保新设备一投入使用就达到最佳状态。

第三章　TPM个别改善 69

个别改善是指设备、人或原物料的效率化，也就是追求生产性的极限，并以实质效果为目标。通过开展个别改善活动，企业可以提升相关人员的技术能力、分析能力及改善能力。

第四章　TPM自主保全 103

自主保全活动是以作业人员为主，对设备、装置依据标准凭着个人的五感（听、触、嗅、视、味）进行检查，并对作业人员进行有关注油、紧固等保全技术的培训，使其能对微小的故障进行修理。在设备管理的各支柱中，自主保全耗费时间最多、管理实施难度最大，但对现场的帮助最大。开展自主保全活动有利于提高操作者对设备使用的责任感。

第五章　TPM计划保全 131

设备计划保全管理是通过对设备点检、定检、精度管理，利用收集到的产品质量等信息，对设备状况进行评估和保全，以降低设备故障率和提高产品的良品率。这是提高设备综合效率的管理方法，其目的是使用最少的成本保证设备随时都能发挥应有的功能。

第六章　TPM品质保养 173

"进行具有效率性的设备保养、追求并维持高水准的品质提升"已成为品质保养的基本理念；从设备的管理层面来探讨品质问题，是品质保养活动的准则，也是TPM活动八大支柱的重要环节，借此能建立品质保证体制。

为了保持产品的所有品质特性处于最佳状态，我们要对与质量有关的人员、设备、材料、方法、信息等要因进行管理——对废品、次品和质量缺陷的发生防患于未然，从结果管理变为要因管理，使产品的生产处于良好的受控状态。

第七章　TPM事务改善 189

TPM是全员参与的持续性集体活动。没有间接管理部门（又称事务部门）的支持，企业实施TPM是不可能持续下去的。间接管理部门的效率化主要体现在两个方面，即要有力地支持生产部门开展TPM及其他的生产活动，同时应不断有效地提高本部门的工作效率和工作成果。

第八章　TPM环境改善 199

　　环境改善是指创建安全、环保、整洁、舒适、充满生气的作业现场，识别安全环境中的危险因素，消除事故隐患及潜在危险。现场的5S活动是现场一切活动的基础，是减少设备故障和安全事故，拥有整洁、健康工作场所的必备条件，是TPM八大支柱活动的基石，是推行TPM活动的前提。因此，企业要想做好TPM活动，一定要做好现场5S活动管理。

第九章　TPM教育培训 233

　　教育培训的目的是培养新型的、具有多种技能的员工。不论是作业部门还是保养部门，仅有良好的愿望还难以把事情做好，因此企业必须加强设备操作员工技能的训练和提高。培训和教育训练不仅是培训部门的事，也是每个部门的职责，并且应成为每位员工的自觉行动。

为提升OEE而生的TPM

　　TPM 是英文 Total Productive Maintenance 的缩写，即全员生产维护或全员生产保全。它是以提高设备综合效率为目标，以全系统的预防维修为过程，以全体人员参与为基础的设备保养和维修管理体系。TPM 常被用来设定 OEE 目标并测量这些目标的偏差，再由问题解决部门来消减差异，以此提升生产业绩。因此，TPM 被认为是专门为应对设备损失、提升设备效率而生的。

一、何谓 OEE

　　OEE 是英文 Overall Equipment Effectiveness 的缩写，即设备综合效率，是指一台设备一贯的生产产品的能力，这些产品要符合质量标准，在没有中断的情况下按计划的周期生产。设备综合效率是时间开动率、性能开动率、合格品率的乘积，如图 1 所示。

其中：时间开动率 = 净运行时间 ÷ 运行时间 ×100%
　　　性能开动率 = 实际生产数量 × 理论加工节拍 ÷ 净运行时间 ×100%
　　　合格品率 = 合格品数 ÷ 总投产数 ×100%

图 1

在设备综合效率公式中，时间开动率反映了设备的时间利用情况，性能开动率反映了设备的性能发挥情况，合格品率反映了设备的有效工作情况。反过来看，时间开动率度量了设备的故障、调整等停机损失，性能开动率度量了设备短暂停机、空转、速度降低等性能损失，合格品率度量了设备加工废品损失。设备综合效率公式的内涵如图2所示。

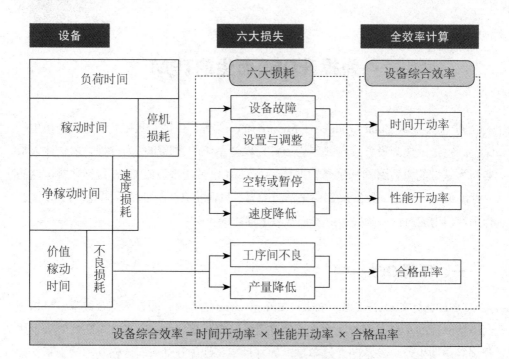

图2 设备综合效率公式的内涵

时间开动率、性能开动率、合格品率是由每一工作中心决定的，但每个因素的重要性会因产品、设备和涉及生产系统的特征不同而有所差异。例如，若机器故障率很高，那么时间开动率就会很低；若设备的短暂停机很多，则性能开动率就会很低；只有三者数值都很大时，设备综合效率才会提高。

案例

某企业每班8小时，午休时间为20分钟，用餐时间为40分钟，开会时间为

5 分钟，换切削液的时间为 10 分钟，故障停机时间为 35 分钟，理论节拍为 70 秒（1.17 分钟），每班结束生产了 250 个零件，其中有 6 个不合格（2 个在线返修，3 个离线返修，1 个报废），那么计算出的设备综合效率指标分别是：

时间开动率 =（8×60-20-40-5-10-35）÷（8×60-20-40-5）×100%

=370÷415×100%

=89.2%

性能开动率 =（1.17×250）÷370×100%=79%

合格品率 =（250-6）÷250×100%=97.6%

设备综合效率 =89.2%×79%×97.6%=68.8%

如不进行分析改善也可以直接计算，设备综合效率 =（250-6）1.17÷415

×100%

=68.8%

设备综合效率在欧美的制造业和我国引入精益生产的企业中已得到广泛应用，已成为一项衡量企业生产效率的重要指标。它确定了真正有效的计划生产时间的百分比，是 TPM 实施的重要手段。

二、设备零故障与 OEE

要想使设备效率达到最高，就必须使设备发挥其应有的功能和性能，提高其工作效率，这就要求企业尽可能地消除影响效率的损耗，尤其是导致损耗的设备故障。故障是指设备、机器等丧失规定的机能的情况。零故障是设备管理的目标。

（一）零故障的基本思考方向

设备的绝大多数故障是人为造成的。因此，凡与设备相关的人都应转变自己的观念，要从"设备总是要出故障的"观点转变为"设备不会产生故障""故障能降为零"的观点，这就是实现零故障的出发点。也就是说，改变人的思考方式或行动就有可能实现设备零故障，具体如图 3 所示。

3

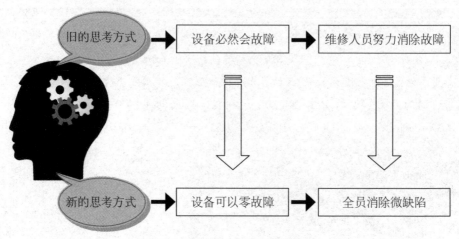

图3 零故障的基本思考方向

（二）故障原因分析

有人将故障理解为"人故意使设备发生障碍"。研究表明，70% ~ 80% 的故障是由于人为因素造成的（如操作不当、维护不当等），然而这些故障只是冰山的一角，仍有许多隐藏的问题会导致设备故障，具体如图4所示。

图4 故障原因分析

故障又可分为大缺陷、中缺陷、小缺陷，如图5所示。

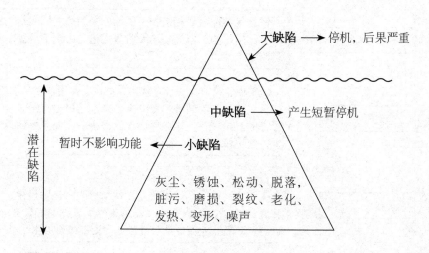

图 5　大缺陷、中缺陷、小缺陷示意图

（1）大缺陷：设备无法运转的机能停止型故障（单独原因）。

（2）中缺陷：设备仍然可以运转，但是机能低下的故障（复数原因）。

（3）小缺陷：由复合原因引起的设备效率发生损失。

故障原因可能是单一因素、多因素或复合因素。故障是一个从量变到质变的过程，发展过程如图 6 所示。

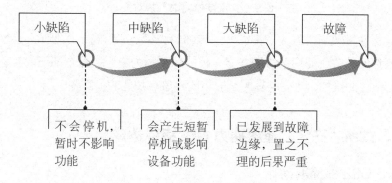

图 6　故障的发展过程

（三）实现零故障的五大对策

实现零故障的五大对策如图 7 所示。

5

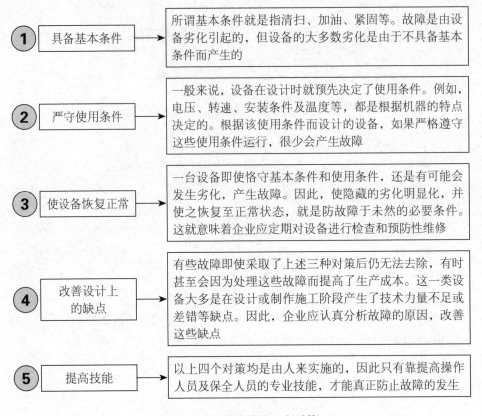

图7 实现零故障的五大对策

上述实现零故障的五大对策需要运转部门和保全部门的相互协作。运转部门要以基本条件的准备、使用条件的恪守、技能的提高为中心，保全部门的实施项目则包括使用条件的恪守、劣化的复原、缺点的对策、技能的提高等。

三、TPM"三全"理念助力 OEE 指标达成

（一）OEE 的标准指标

大多数企业的 OEE 运行在 13% ~ 40%，而世界级企业的 OEE 为 85% 或更高。OEE 达到 85% 以上的指标构成如图 8 所示。

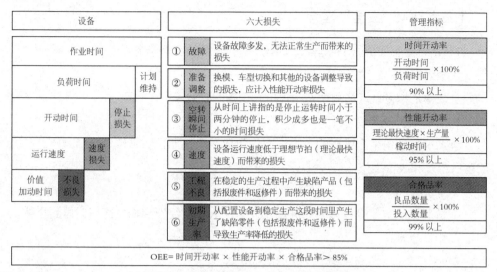

图 8　OEE 达到 85% 以上的指标构成

（二）达成 OEE 标准指标的措施

使 OEE 标准指标达到 85% 以上的措施如图 9 所示。

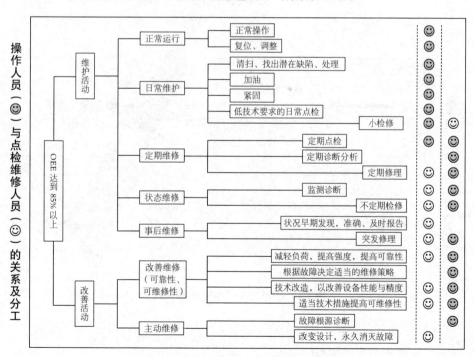

图 9　使 OEE 标准指标达到 85% 以上的措施

（三）TPM"三全"理念

TPM 的特点就是三个"全"，即全效率、全系统和全员参加。

1. 全效率

全效率是指设备寿命周期费用评价和设备综合效率。

2. 全系统

全系统是设备生产维修的各个方面均包括在内，如预防维修、维修预防、必要的事后维修和改善维修。

3. 全员参加

全员参加是这一维修体制的群众性特征，从公司经理到相关部门，再到全体操作工人都要参加。

TPM 三个"全"的具体内容如图 10 所示。

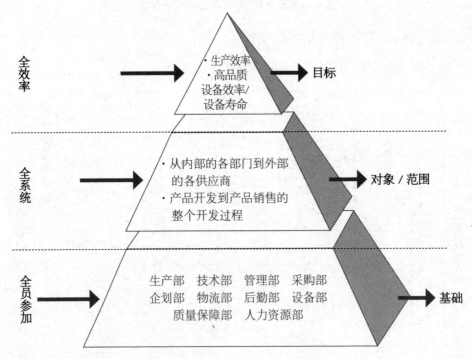

图 10　TPM 三个"全"的具体内容

TPM 的主要目标就落在"全效率"上，而要实现"全效率"，就要限制和降低六大损失，如表 1 所示。

表 1　六大损失

序号	损失类别	说明
1	设备故障	设备故障时无法投入正常生产，造成生产中断，导致产品无法按计划交付，不仅造成了生产停产的损失，还产生了维修成本
2	设置与调整	占用设备运行时间的设置与调整不属于增值活动，在日常运营中应尽量减少
3	空转或暂停	因为一些其他操作要求，如加工过程中的零件测量等，造成设备没有带零件而进行空转或是暂停下来等待要加工的零件，这些都是在日常生产中广泛存在的设备的损失
4	速度降低	这是设备所特有的一类浪费，这类浪费比较隐蔽，如设备的加工转速设计可以达到 900 转，但是考虑到刀具磨损等其他因素人为降到 500 转，这之间的差距就是损失
5	工序间不良	因为设备生产出一个不良品，导致这段时间的投入白白浪费掉，造成损失
6	产量降低	这一损失往往容易被忽视，因为如果考虑到库存和客户需求，也许就不再是损失了，但是单从设备角度来看，因为没有排满设备的时间，空余的这个时间段对于设备来说就是损失

表 1 所示的六大损失是从设备的角度来分析的，目的是让大家意识到，并不是只有设备坏了、停了才叫损失，其实在使用设备时，只要设备没有 100% 地被利用，都是损失。这就驱动着设备维护人员、现场操作人员、工厂管理人员去关注设备，一起减少设备的这些损失。

随着 TPM 的不断发展，日本把这一从上到下、全系统参与的设备管理系统的目标提升到更高水平，又提出了"停机为零、废品为零、事故为零、速度损失为零"的"四零"目标，如图 11 所示。

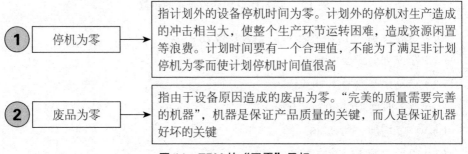

图 11　TPM 的"四零"目标

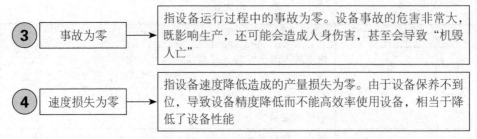

图 11 TPM 的"四零"目标（续图）

四、实施 TPM 的效果

设备管理是企业生产经营的基础，是企业产品质量的保证，是提高企业效益的重要途径，是做好安全生产和环境保护的前提，是企业长远发展的重要条件。作为现代设备管理的 TPM，对提高企业的整体素质、促进企业的不断发展起着十分重要的作用。

实施 TPM 给企业带来的效益体现在产品的成本、质量、生产率、库存周转、安全与环境保护，以及员工的劳动情绪等多个方面，具体如图 12 所示。

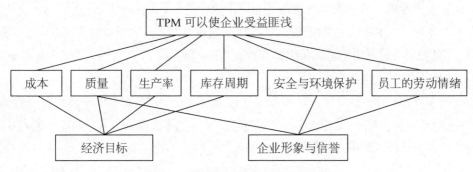

图 12 实施 TPM 给企业带来的效益

研究发现，实行 TPM 至少有以下五点成效：

（1）生产损失减少 70%；

（2）劳动生产力增加 50%；

（3）整备时间减少 50%～90%；

（4）产能增加 25%～40%；

（5）每单位预防保养成本减少 60%。

第一章

TPM活动开展概述

开展TPM活动就是通过全员参与，以团队工作的方式创建优良的设备管理系统，提高设备利用率，从而全面提高生产系统的运作效率，保证生产计划的高效执行，有效地降低企业的制造成本。

第一节 TPM活动认知

一、什么是TPM

TPM（Total Productive Maintenance）即全员生产维护，又译为全员生产保全。它是以提高设备综合效率为目标、以全系统的预防维修为过程、以全体人员参与为基础的设备保养和维修管理体系。

（一）TPM 的英文含义

TPM 的英文含义如图 1-1 所示。

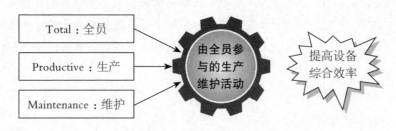

图 1-1　TPM 的英文含义

（二）TPM 的其他含义

TPM 中的"P"和"M"还被赋予了一些其他含义，其中具有代表性的有"Productive Management"，可称之为全面生产管理，它是指在传统全员生产维护的基础上扩充至整体性的参与，以追求所使用设备的极限效率而培养出企业抵抗恶劣经营环境的体制。TPM 含义的扩展如图 1-2 所示。

图 1-2　TPM 含义的扩展

（三）TPM定义的进一步解释

TPM是日本企业首先推行的设备管理维修制度。它是以达到最高的设备综合效率为目标，确立以设备一生为对象的生产维修全系统。

TPM涉及设备的计划、使用、维修等所有部门，是从最高领导到一线操作人员全员参加，依靠开展小组自主活动来推行的生产维修活动。

T——全员、全系统、全效率。

PM——生产维修，包括事后维修、预防维修、改善维修、维修预防。

（四）TPM究竟是什么

下面以一个典型事例来说明TPM究竟是什么。

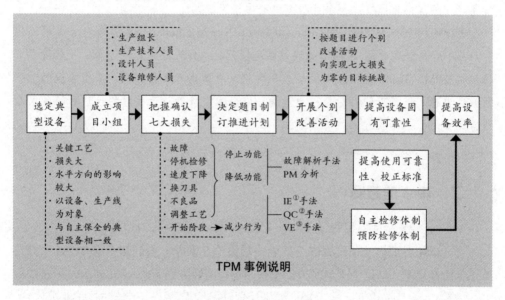

TPM事例说明

TPM的具体含义包括以下四个方面：

（1）以追求生产系统效率（综合效率）的极限为目标，实现设备的综合管理效率的持续改进；

（2）从改变意识到使用各种有效的手段，构筑能防止所有灾害、不良、浪费发生的体系，最终构成"零灾害、零不良、零浪费"的体系；

---

① IE的全称为Industrial Engineering，意思为工业工程。
② QC的全称为Quality Control，意思为质量控制。
③ VE的全称为Value Engineering，意思为价值工程。

（3）从生产部门开始实施，逐渐发展到开发、管理等所有部门；

（4）从最高领导到一线操作人员，全员参与。

TPM活动由"前期管理""自主保全""计划保全""个别改善""质量保养""事务改善""安全环境""教育培训"八个方面组成，对企业设备管理进行全方位的改进。

TPM与TnPM

TnPM是在TPM基础上发展起来的，其目标性更强、更加准确，是TPM在实际生产中的规范化应用，具有更加细致的操作要求。

TnPM的全称为Total Normalized Productive Maintenance，意思为全面规范化生产维护，是规范化的TPM，是通过制定规范、执行规范、评估效果、不断改善来推进的TPM。TnPM是以设备综合效率和完全有效生产率为目标，以全系统的预防维修为载体，以员工的行为规范为过程，以全体人员参与为基础的生产和设备保养维修体系。

二、TPM的起源

TPM起源于全面质量管理（Total Quality Management，TQM）。

当TQM要求将设备维修作为其中一项检验要素时，人们却发现TQM本身并不适合维修环境。这是由于当时人们重视的是预防性维修（Preventive Maintenance，PM）措施，而且采用PM技术制订维修计划以保持设备正常运转的技术业已成熟。然而，在需要提高产量时，这种技术时常导致对设备的过度保养。PM技术的指导思想是：如果有一滴油能好一点，那么有较多的油应该会更好。这样一来，要提高设备的运转速度必然会导致维修作业的增加。

在日常的维修过程中，企业很少或根本就不考虑维修人员的作用，对他们的培训也仅限于并不完善的维修手册规定的内容，且不涉及额外的知识。

许多企业逐渐意识到仅仅通过对维修进行规划来满足制造需求是远远不够的。要在遵循TQM原则的前提下解决这一问题，就需要对最初的PM技术加以改进，以便将维修纳入整个质量管理过程中。

　　TPM 最早是由一位美国制造人员提出的。20 世纪 60 年代后期，日本的汽车电子组件制造商——日本电装——将其引入维修领域。后来，日本工业维修协会干事中岛清一对 TPM 作了界定并推广应用。

　　TPM 是在全面质量管理、准时制生产等现代企业管理基础上逐渐形成的，并成为当代企业管理的重要组成部分，其演化过程如图 1-3 所示。

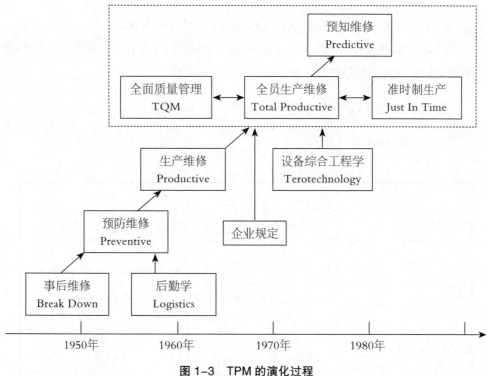

图 1-3　TPM 的演化过程

三、TPM 与 TQM 的关系

（一）两者的定义

（1）TPM——全员生产维护体系

　　TPM 是以设备综合效率为目标，以设备时间、空间全系统为载体，以全体成员参与为基础的设备保养和维修体系。

（2）TQM——全面质量管理体系

TQM 是以客户需求、工序要求为优先，以预防为方针，以数据为基础，以 PDCA（Plan-Do-Check-Act，循环式质量管理）循环为过程，以 ISO 为标准化作业目标的全面、有效的质量管理体系。

（二）TPM 与 TQM 的相似点

（1）两者都要求将包括高级管理层在内的企业全体人员纳入体系。

（2）两者都要求必须授权企业员工可以自主进行校正作业。

（3）两者都要求有一个较长的作业期限，因为它们自身有一个发展过程，贯彻二者需要较长时间，而且使企业员工转变思想也需要时间。

（三）TPM 与 TQM 的区别

TPM 与 TQM 的区别如图 1-4 所示。

类型	TPM	TQM
目的	改善企业体质，保证生产效益最大化，增强客户满意度	
管理的对象	设备 （INPUT——输入，原因）	质量 （OUTPUT——输出，结果）
完成目的的方法	现场、现物的理性状态的实现（硬件）	管理体系化 （系统化、标准化、软件）
培养人才	固有技术中心 （设备技术、保养技能）	管理技术中心 （QC 技法）
小组活动	职务活动和小组活动的一体化	自主性的小组活动
目标	损失、浪费的彻底排除（"0"化）	质量稳定合格

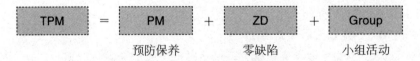

图 1-4　TPM 与 TQM 的区别

四、TPM 的目标

TPM 的终极目标是改善企业的体质，如图 1-5 所示。

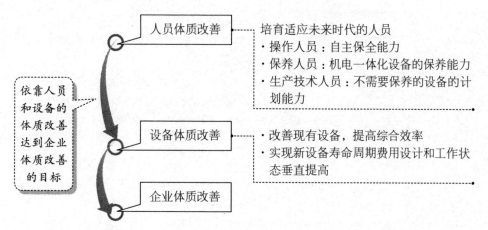

注：设备寿命周期费用（Life Cycle Cost，LCC）是指设备在预期的寿命周期内，为其论证、研制、生产、使用、保障、报废处置和改造所支付的一切费用的总和。

图 1-5　TPM 的终极目标

五、TPM 的精髓

（一）五大要素

TPM 强调以下五大要素：

（1）TPM 致力于设备综合效率最大化的目标；

（2）TPM 要求在设备生命周期建立彻底的预防维修体系；

（3）TPM 由各个部门共同推行；

（4）TPM 涉及每个员工，从最高管理者到现场工人；

（5）TPM 通过动机管理，即自主的小组活动来推进。

（二）TPM 的"三全"特点

TPM 的特点就是"三全"，即全效率、全系统和全员参加。三个"全"之间的关系如图 1-6 所示。

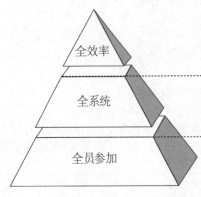

全效率
指设备寿命周期费用评价和设备综合效率
全系统
指生产维修的各个方面均包括在内，如预防维修、维修预防、必要的事后维修和改善维修等
全员参加
指这一维修体系的群众性特征，从企业经理到相关部门人员，直到全体操作人员都要参加，尤其是操作人员的自主小组活动

图 1-6　TPM 三个“全”之间的关系

TPM 的主要目标为“全效率”，而“全效率”的关键在于限制和降低六大损失，如图 1-7 所示。

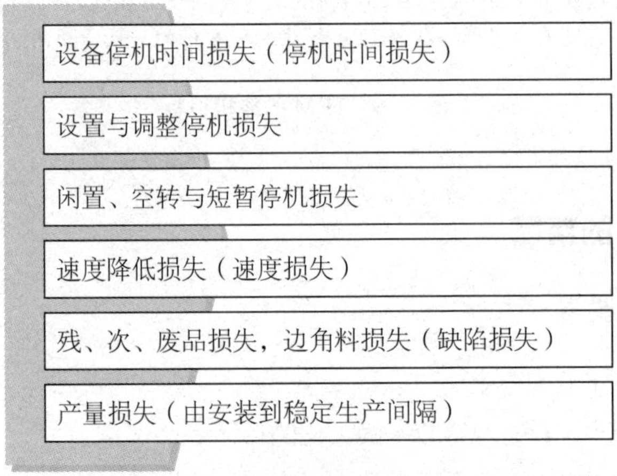

设备停机时间损失（停机时间损失）
设置与调整停机损失
闲置、空转与短暂停机损失
速度降低损失（速度损失）
残、次、废品损失，边角料损失（缺陷损失）
产量损失（由安装到稳定生产间隔）

图 1-7　限制和降低六大损失

有了这三个“全”，生产维修就能够得到更加彻底的贯彻执行，生产维修的目标也能得到更有力的保障。这也是日本全员生产维护的独特之处。随着 TPM 的不断发展，日本把这个从上到下、全系统参与的设备管理系统的目标提升到更高水平，又提出了“停机为零、废品为零、事故为零、速度损失为零”的奋斗目标。

六、TPM 的核心

TPM 的核心如图 1-8 所示。

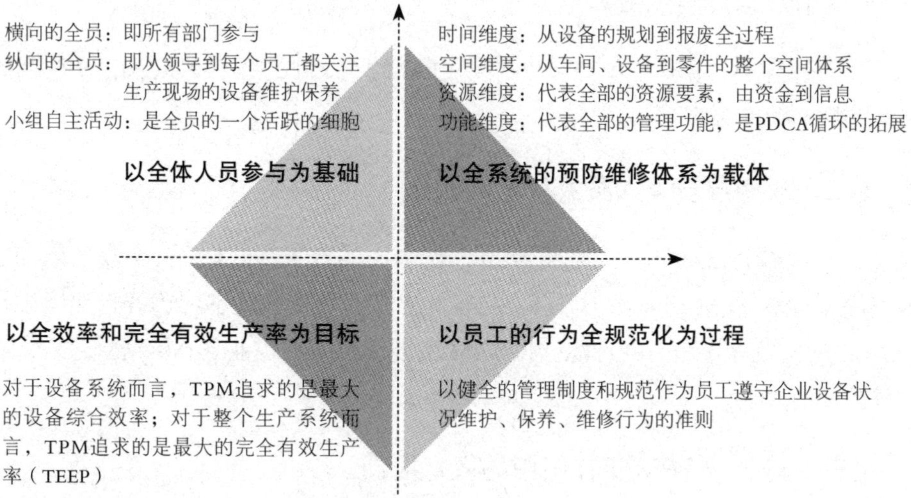

横向的全员：即所有部门参与
纵向的全员：即从领导到每个员工都关注
生产现场的设备维护保养
小组自主活动：是全员的一个活跃的细胞

时间维度：从设备的规划到报废全过程
空间维度：从车间、设备到零件的整个空间体系
资源维度：代表全部的资源要素，由资金到信息
功能维度：代表全部的管理功能，是PDCA循环的拓展

以全体人员参与为基础

以全系统的预防维修体系为载体

以全效率和完全有效生产率为目标

以员工的行为全规范化为过程

对于设备系统而言，TPM追求的是最大
的设备综合效率；对于整个生产系统而
言，TPM追求的是最大的完全有效生产
率（TEEP）

以健全的管理制度和规范作为员工遵守企业设备状
况维护、保养、维修行为的准则

图 1-8　TPM 的核心

第二节　TPM的开展过程

一、领导层宣传引进 TPM

企业领导要对开展 TPM 充满信心，下决心全面引进 TPM。领导层应在全体员工大会上宣布 TPM 活动的开始，讲解 TPM 的基本概念、目标、结果，并发放各种宣传资料，动用一切宣传方式，如广播、墙报、标语、企业刊物、宣传材料、座谈会、报告会、知识竞赛、文艺汇演等，向企业员工广泛宣传，让广大员工充分看到领导层引进 TPM 的决心。

二、开展教育培训

为了扎扎实实地推行 TPM，企业开展多层次、持续的教育培训是非常必要的。

（一）对领导层的教育培训

针对领导层，企业应主要开展有关 TPM 的意义和重要性的教育，使他们能够从战略性的角度看待 TPM 工作。

（二）对中层管理人员的教育培训

针对中层管理人员，企业应开展比较全面的有关 TPM 知识的教育培训，让他们深刻理解 TPM 的宗旨、目标、内容和方法，使他们能够明确各自部门在开展TPM 中的位置和作用，并且能够将 TPM 的要求与本部门业务有机结合起来，以开展好本部门的工作。

（三）对各级 TPM 工作组织的教育培训

针对各级 TPM 工作组织，企业应进行全方位的培训。高层工作组织应系统学习 TPM 知识，以便能够给领导层当好参谋，整体策划 TPM 体系，指导各部门工作；基层工作组织应有针对性地学习某一方面的专业知识，如目视化管理。

（四）对基层操作人员的教育培训

针对基层操作人员，企业一方面要对其进行改变旧观念的教育，帮助他们树立"我的机器我维护"的意识；另一方面，企业要开展设备结构、点检、处理方法等基础知识和技能的培训，使他们掌握对机器设备进行自主保全的知识技能。

除了 TPM 之外，企业还应进行 5S、ISO 9001、ISO 14001、TQC、IE 等相关知识的培训。

教育培训是企业传授知识和规范员工行为的主要方式，因此必须持续不断地进行。不同的 TPM 开展阶段应有不同的培训内容，而且同一内容需要反复培训和练习。

教育培训应形式多样，趣味活泼，如开展单点课程（One Point Lesson，OPL）、知识竞赛等。

下面是某企业的TPM设备保全培训大纲范本，供读者参考。

·····【范本1】▶▶···

TPM设备保全培训大纲（2天）

一、参加人员

企业总经理、副总经理、生产（制造）部经理及主管、设备管理部经理及主管、现场班组长。

二、培训目的

通过培训，使受训人员了解TPM的概念、作用及实现手段等内容。

三、课程大纲

（一）TPM活动的生产力

1.TPM活动的定义及目的。

2.TPM活动的行动指标。

3.推行TPM活动后的效果。

（二）TPM活动的支柱与5S

1.TPM活动的支柱。

2.TPM活动的掌握与运用。

3.TPM活动的基石——5S。

（三）TPM活动损失（LOSS）体系图及浪费现象

1.影响生产系统的16大浪费。

2.阻碍设备效率化的八大损失。

3.阻碍人的效率化的五大损失。

4.阻碍原单位效率化的三大损失。

（四）从TPM活动看企业六大浪费

1.购买使用方面的浪费。

2.物流与搬运方面的浪费。

3.作业动作方面的浪费。

4.制造加工方面的浪费。

5.管理业务方面的浪费。

6.事务管理方面的浪费。

（五）TPM 活动的推进方法

1.设备自主保全活动。

（1）自主保全活动的五个步骤。

（2）设备管理及改善业务实行的要领。

2.一般提案活动。

3.生产效率改善活动。

（六）TPM 活动的推进步骤与技巧

1.TPM 活动推进的组织形式。

2.TPM 活动的推进步骤。

3.TPM 活动实践。

（1）标准文件、培训数据的制作要求。

（2）现场改善活动的技巧。

（3）召集推进会议的技巧。

三、建立 TPM 推进机构

强有力的组织机构是推动 TPM 管理体系有效运转的重要保证。一般来说，要建立企业、厂矿、车间、班组四个层次的推进组织，其关键是明确各个层次以至每一位员工在 TPM 活动体系中的职能。

以企业级推进组织为例，企业 TPM 推进委员会的基本职能是制定 TPM 方针、批准推进计划书、评价改善效果、召集年度 TPM 大会、审议和决策企业推进工作的重大事项。

企业 TPM 推进委员会下设办公室，作为日常管理机构，其基本职能包括：制订 TPM 目标计划，确定推进方法和方案；策划、主导整体推进活动及各项活动任务的部署；制订培训计划，组织实施员工教育培训；制定考核评价标准，并主持评审；协调处理各种与推进活动相关的其他事项。

厂矿、车间的 TPM 组织职能与企业的职能相似，但要分工清楚、责任明确，以形成全员参与的局面。

TPM 推进组织的形式如图 1-9 所示。

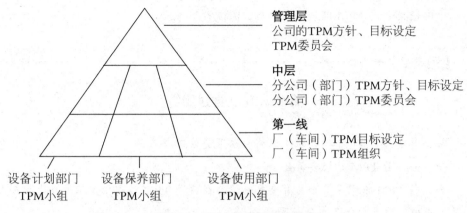

图 1-9 TPM 推进组织的形式

TPM 推进组织的架构可以在企业层次的基础上加以改造完成，从企业最高管理层开始，一层层建立 TPM 推进委员会，上一层的推进委员会成员即是下一层推进委员会的负责人。

TPM 推进组织的架构像一座金字塔，从上到下涉及各个部门，如图 1-10 所示。

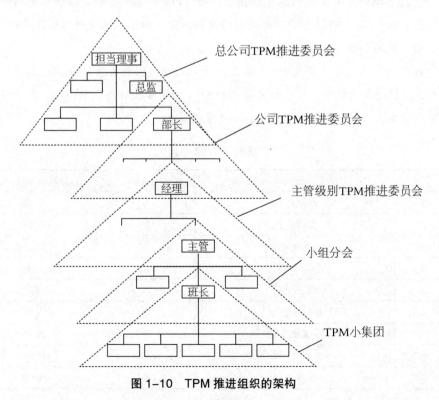

图 1-10 TPM 推进组织的架构

下面是某公司 TPM 推进组织范本，供读者参考。

····【范本 2】▶▶▶ ···

某公司 TPM 推进组织

某公司建立的 TPM 推进组织机构由以下部分组成。

一、全公司 TPM 推进委员会

全公司 TPM 推进委员会具有重要地位，在推进 TPM 过程中要从大局上把握方向是否正确、推进方法是否合适等。

二、各分厂 TPM 推进委员会

各分厂 TPM 推进委员会的成员是隶属各个分厂的车间主任，其主要工作的内容是根据公司的方针并结合本厂的实际情况，积极贯彻设定的 TPM 基本方针和目标。

三、车间和工段等中间小组

中间小组的主要工作内容是根据全公司 TPM 的基本方针，结合本部门的实际情况设定本部门的 TPM 方针，并将大的目标细化，赋予现场小组具体的目标。

四、现场小组

现场小组是具体开展 TPM 自主保全活动的部门，担负着指导小组内成员自觉参与自主保全活动的任务。一般来讲，TPM 小组也专指这类现场小组。各小组的命名由小组自己决定，以热电厂为例，如下表所示。

热电厂 TPM 小组

序号	小组名称	人数	所在车间
1	蚂蚁小组	9	热锅
2	蜜蜂小组	10	汽机
3	清道夫小组	10	除尘
4	萤火虫小组	13	电气
5	狼小组	9	供管
6	B-52 小组	9	汽机
7	碎煤机小组	9	燃料
8	啄木鸟小组	10	化学
9	春蚕小组	9	化学

（续表）

序号	小组名称	人数	所在车间
10	雪燕小组	6	化学
11	喜鹊小组	9	化学
12	守护者小组	9	化学
13	设备卫士小组	9	化学
14	杜鹃小组	9	化学

通过开展 TPM 小组活动，该化工企业共建立现场小组 146 个，共计 1 482 人，详细资料如下。

化工厂共建立现场小组 36 个，共 324 人。

化纤厂共建立现场小组 20 个，共 258 人。

乙烯厂共建立现场小组 39 个，共 510 人。

热电厂共建立现场小组 14 个，共 130 人。

供排水厂共建立现场小组 19 个，共 106 人。

空分厂共建立现场小组 9 个，共 77 人。

运销部共建立现场小组 9 个，共 77 人。

下面是某企业 TPM 推进委员会组织架构及职责范本，供读者参考。

·····【范本 3】▶▶···

某企业 TPM 推进委员会组织架构及职责

一、TPM 推进委员会组织架构

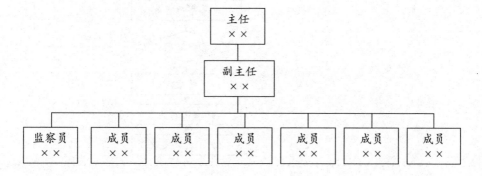

25

二、TPM 推进委员会组织职责与权限

（一）主任

（1）决定企业 TPM 整体推进方向、目的、目标。

（2）TPM 推进委员会组成人员的选定及管理。

（3）TPM 重大改善项目的立项及确认。

（4）定期向企业高层汇报改善成果。

（二）副主任

（1）TPM 具体活动的开展召集，准备必要的工具、材料。

（2）TPM 活动过程的记录，改善事项的立项及发布。

（3）TPM 的实施效果确认及优秀成果发表。

（4）全员开展 TPM 活动的教育培训。

（三）监察员

（1）对 TPM 改善活动的标准化实施督导。

（2）对 TPM 改善活动进行评价。

（四）成员

（1）参与 TPM 日常改善活动的实施。

（2）研究部门创新活动的推进方法并实施。

三、TPM 推进委员会活动流程图

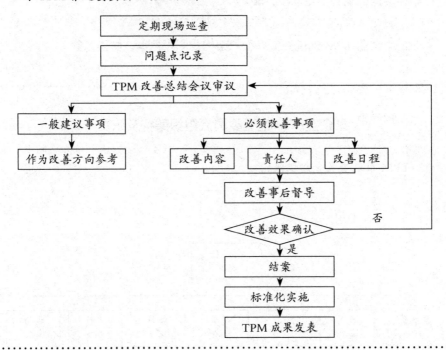

四、制定 TPM 基本方针和目标

（一）TPM 基本方针

TPM 基本方针阐述了推进 TPM 活动的宗旨，为全体员工参与 TPM 活动指明方向。制定 TPM 基本方针要注意图 1-11 所示的四点内容。

1 TPM 基本方针要与企业的发展战略和宗旨相适应

2 抓住要点，向全体员工表达出推进 TPM 的方向、期望、信心和决心

3 尽量使用简明易懂的语言，便于全体员工理解

4 TPM 基本方针应为制定 TPM 目标提供框架

图 1-11　制定 TPM 基本方针的注意事项

企业应对已制定的 TPM 基本方针进行广泛宣传，使全体员工充分理解其内容。

案例

×× 公司 TPM 基本方针

挑战最高的生产效率，建立一流的企业。

1. 整洁有序的生产现场——改良环境。
2. 精良可靠的技术设备——改善设备。
3. 文明高效的员工团队——改善员工的精神面貌。

（二）TPM 目标

1. 何为 TPM 目标

TPM 目标表现在图 1-12 所示的三个方面。

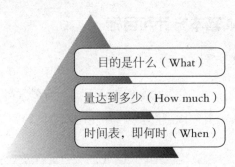

图 1–12　TPM 目标

也就是说，TPM 目标是企业在什么时间、在哪些指标上要达到什么水平。制定 TPM 目标所要考虑的问题依次是外部要求、内部问题、基本策略、目标范围、总目标。其中，总目标包括故障率、非运行操作时间、生产率、废品率、节能、安全及合理化建议等。

2. TPM 目标的制定

TPM 目标是企业或部门推进 TPM 活动某一阶段应达到的目的，它应在 TPM 基本方针的基础上展开，并与 TPM 基本方针保持一致。企业不但要制定企业级的 TPM 目标，还应制定相关职能和层次的 TPM 目标，并不断调整。此外，企业还应制定考核办法，定期对 TPM 目标的达成情况进行考核。

制定 TPM 目标要符合以下原则，如图 1–13 所示。

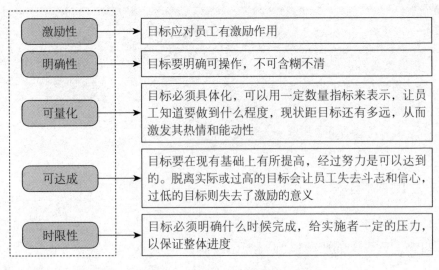

图 1–13　制定 TPM 目标的原则

案例

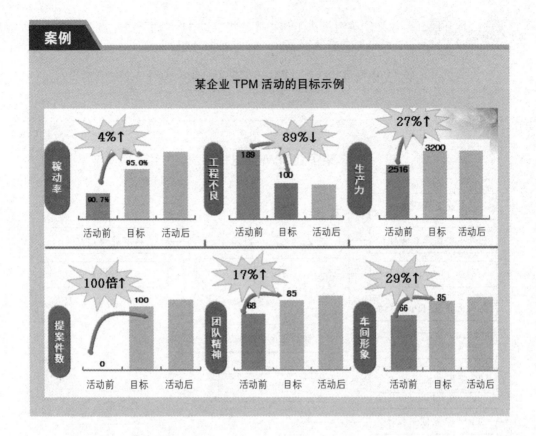

某企业 TPM 活动的目标示例

五、制订 TPM 推进总计划

（一）制订 TPM 推进总计划

总计划是指从企业全局考虑制订的中心计划，其目的如下：

（1）通过减少六大损失，改进设备效率（由专业性的项目小组协助推进）；

（2）制定操作工人的自主维修程序；

（3）提供质量保证；

（4）维修部门的工作计划时间表；

（5）开展教育培训，提高认识和技能。

（二）确定 TPM 推进程序

推进 TPM 是企业全员、全方位、全过程的活动。要使推进工作按计划、有部署、见成效地开展，企业必须确定推进工作程序，将推进 TPM 活动的主要工作按照一定的时序展开排列，使其程序化、规范化。

下面是某企业 TPM 推进程序与 TPM 活动推进计划的范本，供读者参考。

·····【范本 4】▶▶▶ ··

某企业 TPM 推进程序

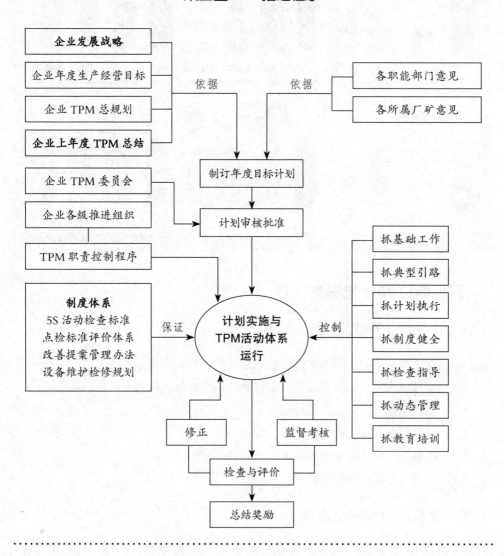

【范本 5】▶▶▶

区域（　　） TPM 活动推进计划

实施单位：
区域目标值：

推进指标名称：
区域原始值：

序号	描述	现状值	目标值	改善措施	补充措施	预计投入	责任部门	责任人	配合实施人	起始时间	计划完成时间	实际收益	累积收益	××年		
														1月	…	12月
1	TPM 活动初期展开			编制教材及前期宣传												
2	5S 评价内容的制定			各区域制定 5S 活动评价表												
3	导入教育															
4	设备开动率目标设定															
5	班组制定设备全民维修方案															
6	操作人员的 TPM 活动计划															
7	生产班组活动计划的报告			制定自主保全诊断表格												
8	问题点的提出与改进改善															
9	实施自主保全的活动			操作人员的责任划分												
10	设备使用部门的保养体系															
11	提升操作、保养技能训练															
12	生产班组设备管理体系的建立															
13	完全实施及人员能力提升，订立新的目标															

相关部门领导签字：

车间主任：

六、正式启动 TPM

誓师会虽然是一个形式，但可以起到鼓舞人心和宣传的作用。在誓师会上，企业总经理要做报告，介绍 TPM 的准备情况、总计划、组织机构、目标和策略。因为 TPM 是从上到下所有员工都要参与的活动，因此在会上应由部门负责人带领所属部门员工宣誓以表决心。

下面是某公司 TPM 活动全面展开仪式的范本，供读者参考。

·····【范本 6】▶▶▶···

某公司 TPM 活动全面展开仪式

一、大会程序

大会程序如下。

（1）总经理致辞（宣告引进 TPM 的决心）。

（2）公布 TPM 推进组织、TPM 的基本方针与目标、TPM 的总计划。

（3）工会主席或员工代表发表开展 TPM 活动的决心宣言。

（4）来宾致辞。

（5）发表准备期间的个别改善和自主保全成果。

（6）公布海报、标语、征文的得奖人。

二、启动大会相关事项

（一）举办时间与地点

××年8月2日早上8:00—8:45，地点为员工休息区。

（二）主持人

陈××。

（三）横幅制作

1. 尺寸：10米×1.2米（由企划部于7月30日完成）。

2. 内容如下。

××电器集团有限公司TPM项目管理启动会议
辅导机构：××管理咨询有限公司

（四）舞台搭建

负责人李××，于 8 月 1 日完成。

（五）音响准备

负责人齐××，于 8 月 2 日 7:30 前完成。

（六）制定流程

1. 整队、员工入场（宣誓演练 3 次，7:40—7:55）。

2. 嘉宾入席（主席台）。

公司高层领导、顾问、项目负责人。

3. 公司高层领导致辞。

4. 顾问致辞。

5. 项目负责人致辞。

6. 员工代表致辞。

7. 主持人说明宣誓方式。

说明内容：举右手握拳至头顶以上，宣誓人念一句，大家跟一句，念至宣誓人时，宣誓人各自念自己的名字。

8. 宣誓。

（1）准备重点

①事先准备宣誓稿。

②指定一位代表（领誓人）带头宣誓。

③统计当天参加宣誓仪式的人数。

④复印对应数量的宣誓稿，宣誓前每人在宣誓稿上签名。

⑤宣誓完毕，请员工将宣誓稿交给领誓人，然后举行下一阶段向公司总经理献誓词仪式。

（2）献誓词

由领誓人向公司总经理献上全体员工的誓词。

9. 公司高层领导总结。

10. 仪式结束。

全体员工有序离场。

案例1

誓　词

本人_____，从现在开始，绝对遵从公司规定，全力支持TPM管理项目顾问辅导工作，并且克尽职责，落实执行。

本人有信心，通过此次辅导，提高自身技能，学会正确使用设备、保养和维护设备，促进公司达到国际一流的管理水平。特此宣誓！

宣誓人：
年　月　日

案例2

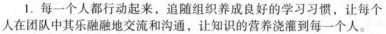
活动宣言书

为了梦想和最后的光荣，我宣誓：

1. 每一个人都行动起来，追随组织养成良好的学习习惯，让每个人在团队中其乐融融地交流和沟通，让知识的营养浇灌到每一个人。

2. 每个班组都行动起来，配合组织发展先进的工作模式，在学习和工作中把握现状，认清问题和改善异常，努力形成上下互动、左右联动、全员行动的局面，掀起革新的工作热潮。

3. 为了本次活动的顺利进行和圆满成功，为了本次活动能够影响到更多的人和更多的部门，我愿意，竭尽所能，付出一切。

××年8月2日
××电子科技有限公司

七、提高设备综合效率

企业要充分发挥专业项目小组的作用，从而提高设备综合效率。项目小组是由维修工程部、生产线机调员（施工员）和操作班组的成员组成的技术攻关小组。这种项目小组有计划地选择不同种类的关键设备，抓住典型，总结经验，实施推广，起到以点带面的作用。在 TPM 实施的初期，这种项目小组的作用尤其明显。他们可以帮助基层操作小组确定设备点检和清理润滑部位，解决维修难点，提高操作工人的自主维修信心。在解决问题时，项目小组可以采用 PM 分析方法。PM 分析方法的要点如图 1–14 所示。

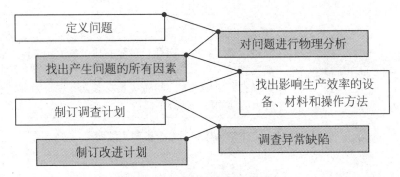

图 1–14　PM 分析方法的要点

八、建立操作人员的自主维修体制

企业应改变"我操作，你维修"或"我维修，你操作"的分工，帮助操作工人树立起"操作工人能自主维修，每个人对设备负责"的信心和意识。企业可以在操作小组大力推行 5S 活动，并在 5S 活动的基础上推行自主维修七步法，如图 1–15 所示。

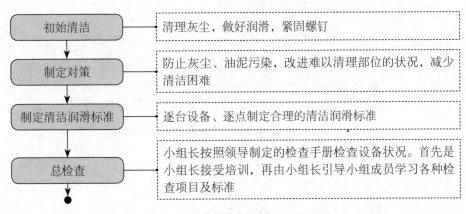

图 1–15　自主维修体制的七个步骤

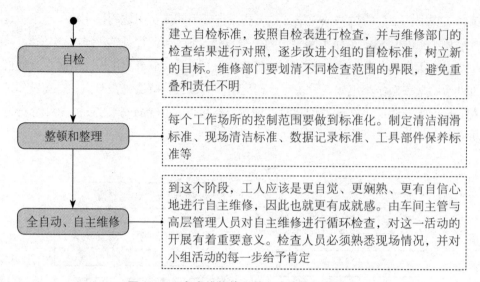

自检	建立自检标准，按照自检表进行检查，并与维修部门的检查结果进行对照，逐步改进小组的自检标准，树立新的目标。维修部门要划清不同检查范围的界限，避免重叠和责任不明
整顿和整理	每个工作场所的控制范围要做到标准化。制定清洁润滑标准、现场清洁标准、数据记录标准、工具部件保养标准等
全自动、自主维修	到这个阶段，工人应该是更自觉、更娴熟、更有自信心地进行自主维修，因此也就更有成就感。由车间主管与高层管理人员对自主维修进行循环检查，对这一活动的开展有着重要意义。检查人员必须熟悉现场情况，并对小组活动的每一步给予肯定

图 1-15　自主维修体制的七个步骤（续图）

九、维修部门制订维修计划

维修部门的日程化维修必须与生产部门的自主维修小组活动协同配合。在把总检查变成操作工人日常的习惯性做法之前，维修部门的工作量可能会比未实行 TPM 时还要大，如图 1-16 所示。

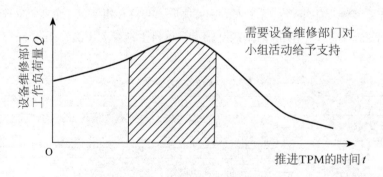

图 1-16　维修部门的工作量增加图示

需要指出的是，与传统生产维修中的计划维修不同，实行 TPM 的维修部门应随时结合小组活动的进展对备件、模具、工具、检测装置及图样进行评估和控制，对维修计划进行研究和调整。这种体制的明显特征是，每天早晨应召开生产线经理与维修工程负责人的工作例会。这个例会能随时解决生产中出现的问题，随时安排和调整每周的维修计划、每月的维修计划或更长远的计划。

TPM实施的是有特色的预防维修体制，以加强设备的基础保养，其总体框架如图1-17所示。

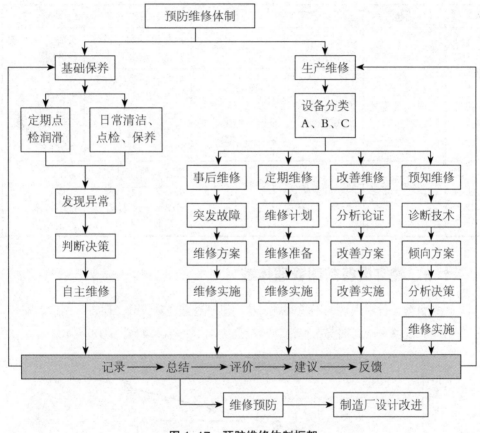

图1-17　预防维修体制框架

十、提高操作与维修技能的培训

培训是一种多倍回报的投资，实施TPM的企业不但应对操作人员的维修技能进行培训，而且要使他们的操作技能更加完善。

培训可以采取外请教师在企业内上课的方式，必要时创造模拟训练条件，结合企业设备实际情况进行培训。

TPM 的教育培训是从基本概念的开发到设备维修技术的培训，这种教育培训是步步深入的，是分层次、分对象的。

通过培训，不同人员应达到的能力水平如表 1-1 所示。

表 1-1　不同人员应达到的能力水平

人员	目标	1 级水平	2 级水平	3 级水平	4 级水平
操作人员	提高个人技能	清扫设备及正确操作设备	设备检查加油	判断设备的正常与异常，掌握要点	实施定期检查和改善
维修人员	实现设备零故障、零缺陷	了解设备的基本构造	了解设备的基本原理和要点，能够分析故障原因	具备材料、零件的基本知识，掌握 PM 分析方法，能找出并改进不安全部位	设备的改善、改进各机构的设计
工程师	能够进行设备改善、维修预防设计	理解设备构造、设计、制图	掌握技术要点、材料、驱动、控制知识	设备评价、技术评价、失效模式影响分析、计划管理（日程、人员）	引进、开发、管理技术

十一、建立设备前期管理体制

设备负荷运行中出现的不少问题，往往早就隐藏在其设计、研发、制造、安装、试车阶段。设备寿命周期费用在设计阶段已决定了 95%，如图 1-18 所示。

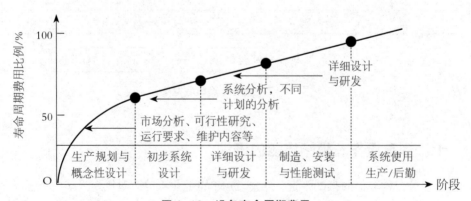

图 1-18　设备寿命周期费用

设备前期管理应充分利用生产和维修工程师的丰富经验，尽可能考虑维修预防和无维修设计。这个目标体现在设备投资规划、设计、研发、制造、安装、试车及负荷运行各阶段，企业要随时根据试验结果和出现的问题，结合现场工程师的经验改进设备。设备前期管理的目标如下。

（1）在设备投资规划期所确定的限度内，尽可能使设备的性能达到最高水平。

（2）缩短设备从设计到稳定运行的周期。

（3）争取在不增加工作负荷的基础上，以最少的人力进行有效的推进。

（4）保证设计在可靠性、维修性、经济运行及安全性方面都达到最高水平。

十二、总结提高，全面推行 TPM

企业要不断地检查、评估推行 TPM 的效果，并在此基础上制定新目标。这就相当于产品检查和产品改进过程。TPM 活动检查评估表如表 1-2 所示。

表 1-2　TPM 活动检查评估表

区分	目标达成率	达成或未达成的原因
稼动率		
生产力		
工程不良		
提案件数		
团队精神		
车间形象		

第三节　TPM活动的八大支柱

要实现 TPM 的最终目标，企业必须开展以下八项活动，即开展 TPM 活动的八大支柱，如图 1-19 所示。

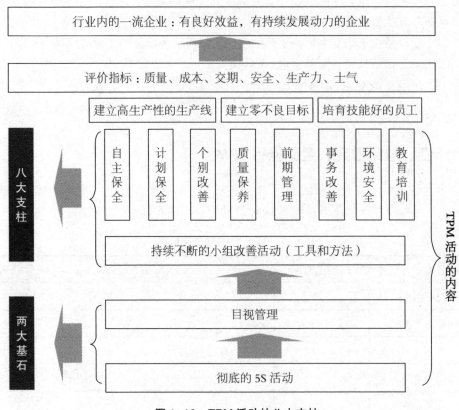

图 1-19　TPM 活动的八大支柱

一、前期管理

为了适应生产的发展，企业必定要不断投入使用新设备。因此，企业需要形成一种机制，按少维修、免维修的思想设计出符合生产要求的设备，按性能、价格、工艺等要求对设备进行最优化规划和布置，并使设备的操作和维修人员具有适应新设备的能力。总之，前期管理就是要使新设备自投入使用就达到最佳状态。前期管理的具体内容如图 1-20 所示。

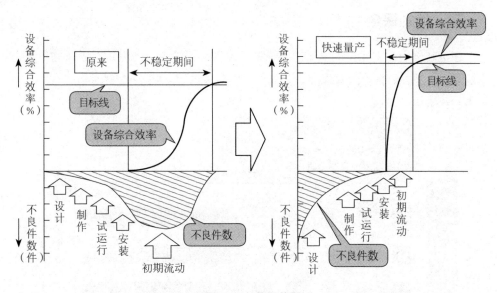

图 1-20　前期管理

二、自主保全

　　自主保全是以运转部门为中心开展的活动，其核心是防止设备的劣化。只有运转部门承担了防止设备劣化的活动，保养部门才能充分发挥专职保养的能力，使设备得到有效的保养。自主保全的具体内容如图 1-21 所示。

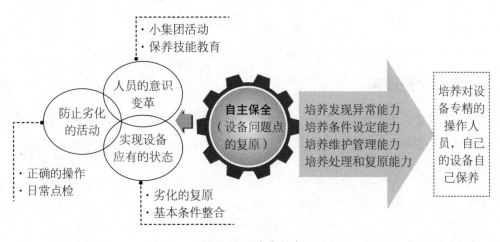

图 1-21　自主保全

三、计划保全

在运转部门自主保全的基础上，设备的保养部门能够有计划地对设备的劣化进行复原，并进行设备的改善保养。计划保全的具体内容如图1-22所示。

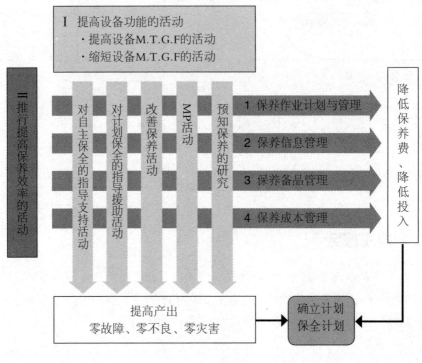

图1-22　计划保全

四、个别改善

为了追求设备效率化的极限，最大限度地发挥设备的性能，企业就要消除影响设备效率的损耗。我们把消除引起设备综合效率下降的损耗的具体活动称为个别改善，如图1-23所示。

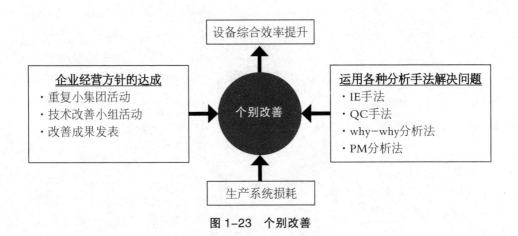

图 1-23　个别改善

五、质量保养

为了保持产品的所有质量特性处于最佳状态，企业要对与质量有关的人员、设备、材料、方法、信息等要素进行管理，防范废品、次品和质量缺陷的发生。质量保养的目的就是使产品的生产处于良好的受控状态，具体内容如图 1-24 所示。

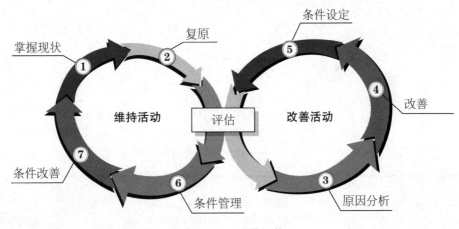

图 1-24　质量保养

六、事务改善

事务改善主要体现在两个方面。一方面，保养部门要有力地支持生产部门开展TPM 及其他生产活动；另一方面，保养部门还应不断提高本部门的工作效率和工作成果，具体内容如图 1-25 所示。

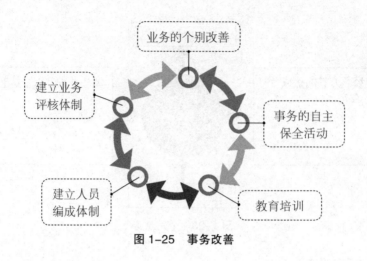

图1-25　事务改善

七、安全环境

确保安全第一不仅要使员工具有安全意识，还要建立一套有效的管理体制。对环境的要求也一样，企业要在不断提高安全意识的同时，建立起一种机制来确保环境不断得到改善。建立和实施ISO 14000环境管理体系不失为一个良策，一方面，保护环境是企业对社会应尽的责任，另一方面也可以提升企业形象。安全环境的具体内容如图1-26所示。

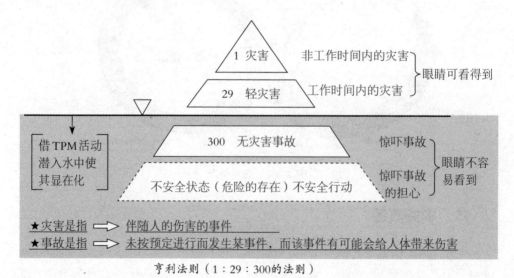

图1-26　安全环境

八、教育培训

仅凭良好的愿望难以把设备维护工作做好，企业还必须加强设备维护技能的教育培训。教育培训不仅是企业培训部门的事，也是每个业务部门的职责，更应是每个员工的自觉行动。随着社会的发展和进步，工作和学习已经不可分割地联系在了一起。企业员工要把学习融入工作中去，在工作中学习，在学习中工作。教育培训的具体内容如图1-27所示。

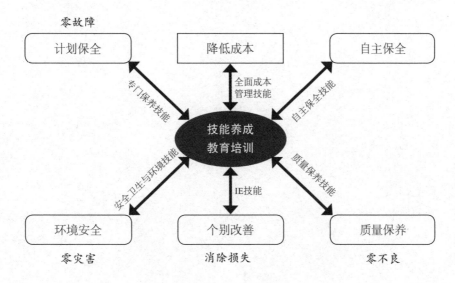

图 1-27　教育培训

TPM活动的八大支柱与企业各部门之间的关系如表1-3所示。

表 1-3　TPM活动的八大支柱与企业各部门之间的关系

八大支柱	生产、设备部	设计、技术部	质量管理部	其他管理部门
个别改善	●	●	●	●
自主保全	●			
计划保全		●		
前期管理		●		
质量保养	●	●	●	●

（续表）

八大支柱	生产、设备部	设计、技术部	质量管理部	其他管理部门
环境安全	●	●	●	●
事务改善				●
教育培训	●	●	●	●

第二章

TPM前期管理

　　前期管理是TPM管理的重要部分。为了适应生产的发展，必定有新设备不断投入，企业要形成一种机制，以减少维修、免维修的思想设计出符合生产要求的设备，按性能、价格、工艺等要求对设备进行最优化规划和布置，并对设备的操作和维修人员进行系统的培训，以确保新设备一投入使用就达到最佳状态。

第一节　前期管理概述

一、什么是前期管理

设备的前期管理又称为设备的规划工程，是指设备从规划到投产这一阶段的管理工作。做好设备的前期管理，可以提高设备的综合效率，降低设备的寿命周期费用，对企业运营至关重要。

二、前期管理的意义

在设备的规划、设计、制造阶段进行前期管理，可以有效降低设备的寿命周期费用。设备的寿命周期费用如图 2-1 所示。

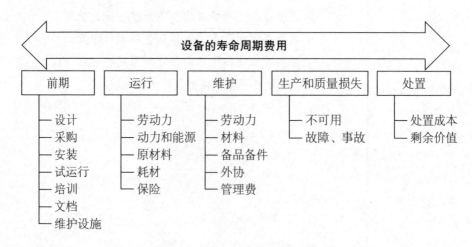

图 2-1　设备的寿命周期费用

（1）设备的寿命周期费用（包括设置费与维修费）主要发生在设备的规划、投资阶段，该阶段产生的费用约占设备全部寿命周期费用的 85%（见图 2-2），也影响着企业的产品成本。

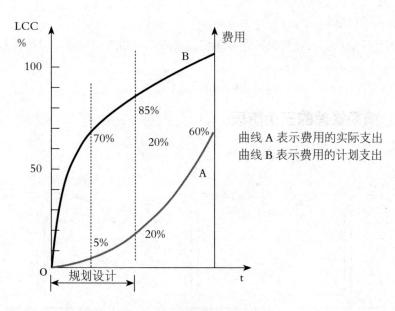

图 2-2　降低设备成本的关键

设备的可靠性主要取决于其设计和制造。使用阶段只要不违反操作和维护规定，不会对可靠性产生大的影响。可靠性又决定了使用期的维修费用，而设备的设置费是基本确定的，于是寿命周期费用也就基本确定下来（见图 2-3）。

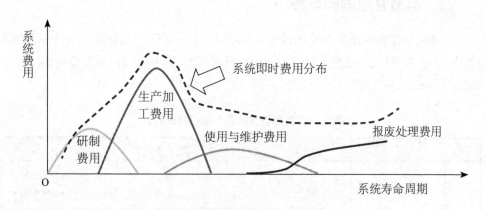

图 2-3　寿命周期费用的确定

（2）设备前期管理决定了企业装备的技术水准和系统功能，也影响着企业的生产效益和产品质量。

（3）设备前期管理决定了设备的适用性、可靠性和维修性，也影响企业装备效能的发挥和可利用率。

（4）在评估和选择设备时，企业应将设备寿命周期费用与寿命周期收入综合起来考虑。

三、前期管理的三个阶段

前期管理的三个阶段如图 2-4 所示。

图 2-4　前期管理的三个阶段

四、前期管理的参与部门

设备的前期管理通常涉及规划和决策部门、工艺部门、设备管理部门、动力部门、安全环保部门、基建管理部门、生产管理部门、财务部门和质量检验部门。这些部门的职责划分如表 2-1 所示。

表 2-1　前期管理的参与部门职责划分

序号	部门	职责说明
1	规划和决策部门	规划和决策部门的工作一般由董事会、总经理、总工程师和总设计师参与。该部门应根据市场的变化和发展趋势，结合企业的实际状况，在企业总体发展战略和经营规划的基础上编制中长期设备规划方案，并进行论证，提出可行性分析报告，作为领导层决策的依据。在中长期设备规划方案得到批准后，该部门还需要在此基础上结合企业年度发展需要制订年度设备投资计划。此外，该部门还要对设备和工程质量进行监督评价

（续表）

序号	部门	职责说明
2	工艺部门	从新产品、新工艺和提高产品质量的角度向规划和决策部门提出设备更新计划和可行性分析报告；编制自制设备的设计任务书，签订委托设计技术协议；提出外购设备的选型建议和可行性分析；负责新设备的安装布置图设计和工艺装备设计，制定试车和运行的工艺操作规程；参与设备试车验收
3	设备管理部门	负责设备规划和选型的审查与论证；提出设备维修要求和可行性分析报告；协助企业领导做好设备前期管理的组织、协调工作；参与自制设备设计方案的审查及竣工后的技术鉴定和验收；参加外购设备的试车验收；收集信息，组织相关部门对设备质量和工程质量进行评价与反馈；负责外购设备的引进和合同管理，包括订货、到货验收、保管与安装调试等。对于一般常规设备的引进，可以由设备管理部门和生产管理部门派专人共同组成选型、采购小组，按照设备年度规划和工艺部门、动力部门、安全与环保部门的要求进行；对于精密、大型、关键、稀有、价值昂贵的设备，引进时应以设备管理部门为主，由生产管理、工艺、基建管理、规划和决策部门的有关人员组成选型决策小组，以保证设备引进的先进性和经济性
4	动力部门	根据生产规划、节能要求和设备实际动力要求，提出动力系统站房运行技术的改造要求和动力配置设计方案，并组织实施；参与设备试车验收
5	安全与环保部门	提出新设备的安全、环保要求，对于可能对安全、环保造成影响的设备，提出安全、环保技术措施的执行计划并组织实施；参与设备试车验收，并对设备的安全与环保实际状况做出评价
6	基建管理部门	负责编制设备基础设计及安装工程预算，组织设备的基础设计和施工，配合其他部门做好设备安装与试车工作
7	生产管理部门	负责新设备工艺装备的制造，自制设备的加工制造，以及为新设备试车做好准备，如人员培训、购买材料和辅助工具等
8	财务部门	筹集设备投资资金；参加设备技术经济分析，控制设备资金的使用，审核工程和设备预算，核算实际需要的费用
9	质量检验部门	负责自制和外购设备质量、安装质量和试生产产品质量的检查；参与设备试车验收

　　设备的前期管理是一项系统工程，需要企业各个职能部门合理分工、协调配合。

第二节　设备前期管理的流程和方法

设备前期管理是指从制定设备购置规划方案开始，到设备终验收合格、正式投产使用这一阶段的工作，包括设备规划方案的立项、调研选型、购置、安装调试、验收等环节。其中，规划方案的调研、制定、论证和决策，市场调研、比较和选型，购置合同及技术协议的评审、签订，开箱检查、安装定位、调试与验收等，是最基础和最主要的工作。做好设备前期管理工作，不仅可以为设备投产后的使用、维护、修理等工作奠定良好的基础，也可以为安全生产和降低产品成本提供有力保障。

一、设备规划方案立项

（一）立项程序

设备使用部门应根据企业新技术、新工艺的应用情况，结合企业的实际生产状况，在企业总体发展战略和经营规划的基础上提出设备更新计划和选型建议的可行性分析报告，并报送财务部门汇总形成企业设备投资规划草案，经主管领导及使用、管理、生产、工艺、基建、计划、财务等相关职能部门讨论与修改后，送总经理审查批准，形成年度设备投资规划并由各有关部门执行。同时，企业还要指定主管领导负责各部门的总体协调与指挥工作。

（二）可行性分析报告的内容

（1）明确设备规划的目标、任务和要求，描述规划项目的评价指标。可行性分析报告应注重规划项目与产品的关系，包括产品的产量、质量和总体生产能力等，提出规划设备的基本规格（包括设备的功能、精度、生产效率、技术水平、能源消耗指标、安全环保条件和对工艺需要的满足度等技术性内容），进行投资、成本和利润估算，确定资金来源，预计投资回收期限，分析销售收入并预测投资效果。

（2）在设备购置规划与实施意见中，论述对环境治理（空气、水质与噪声污染等）

和能源消耗问题可能产生的负面影响与应对策略，并针对设备市场调查分析、技术性能对比、价格类比、运输方式与安装场所等综合性问题提出解决预案。

（3）设备规划在实施周期内可能会受国家政策调整、金融或商品市场发生变化、企业经济效益变动和规划论证不充分等诸多因素的影响，在可行性分析报告中要事先对这些因素进行恰当分析。同时，可行性分析报告还要针对规划中的设备资金使用、实施进度控制和各主管部门间的协调配合等重要问题，提出明确的解决方案。

二、设备布置设计

设备布置设计主要是为了方便外购设备的安装、验收，设备使用部门必须依据工厂的实际情况提前做好准备。

（一）布置决策

布置决策是指决定设施内的各部门工作站、设备和存货的相对位置。

布置决策的一般宗旨是把这些元素安排妥当，使工作流程（在企业中）或某种特殊的交通路线（在一个服务公司中）保持畅通。布置决策的具体内容包括：

（1）产出、弹性等方面的目标与特性；

（2）产品或服务需求的估量；

（3）各部门流程作业的需求；

（4）空间可行性。

（二）布置的要求

良好的设备布置必须满足以下要求。

（1）按直线形式布置流程。

（2）生产时间是可预测的。

（3）保持少量的物料储存。

（4）开放工厂，使员工都可看见工厂的作业。

（5）"瓶颈"作业得以控制。

（6）工作站彼此接近。

（7）物料的储存依序处理。

（8）必要物料的重新处理。

（9）容易调整以适应环境的改变。

（三）基本布置形态

设备布置主要有以下五种基本形态，即产品布置、制程布置、群组技术（GT布置）、刚好即时布置和定点布置，如图2-5所示。

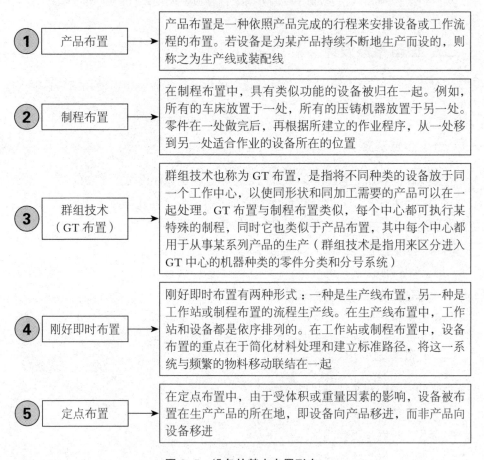

① 产品布置	产品布置是一种依照产品完成的行程来安排设备或工作流程的布置。若设备是为某产品持续不断地生产而设的，则称之为生产线或装配线
② 制程布置	在制程布置中，具有类似功能的设备被归在一起。例如，所有的车床放置于一处，所有的压铸机器放置于另一处。零件在一处做完后，再根据所建立的作业程序，从一处移到另一处适合作业的设备所在的位置
③ 群组技术（GT布置）	群组技术也称为GT布置，是指将不同种类的设备放于同一个工作中心，以使同形状和同加工需要的产品可以在一起处理。GT布置与制程布置类似，每个中心都可执行某特殊的制程，同时它也类似于产品布置，其中每个中心都用于从事某系列产品的生产（群组技术是指用来区分进入GT中心的机器种类的零件分类和分号系统）
④ 刚好即时布置	刚好即时布置有两种形式：一种是生产线布置，另一种是工作站或制程布置的流程生产线。在生产线布置中，工作站和设备都是依序排列的。在工作站或制程布置中，设备布置的重点在于简化材料处理和建立标准路径，将这一系统与频繁的物料移动联结在一起
⑤ 定点布置	在定点布置中，由于受体积或重量因素的影响，设备被布置在生产产品的所在地，即设备向产品移进，而非产品向设备移进

图2-5 设备的基本布置形态

三、设备采购规划

设备采购是设备前期管理的重要内容。在进行设备采购前，企业要综合各方面的因素做好设备的采购规划。

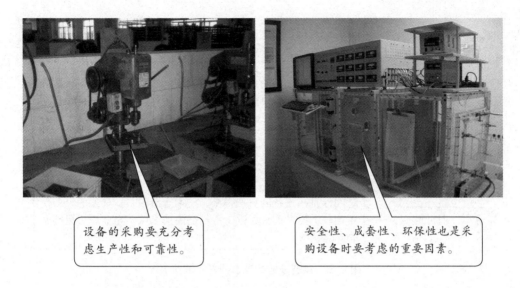

设备的采购要充分考虑生产性和可靠性。

安全性、成套性、环保性也是采购设备时要考虑的重要因素。

（一）设备采购的考虑因素

采购设备前，企业必须考虑图 2-6 所示的各项因素。

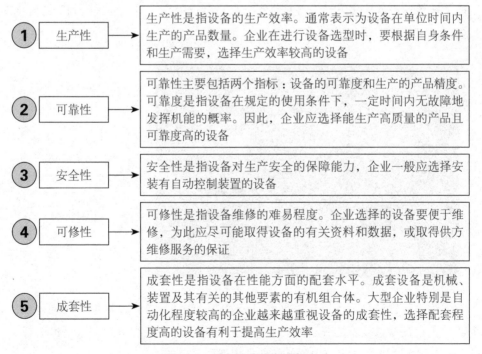

1	生产性	生产性是指设备的生产效率。通常表示为设备在单位时间内生产的产品数量。企业在进行设备选型时，要根据自身条件和生产需要，选择生产效率较高的设备
2	可靠性	可靠性主要包括两个指标：设备的可靠度和生产的产品精度。可靠度是指设备在规定的使用条件下，一定时间内无故障地发挥机能的概率。因此，企业应选择能生产高质量的产品且可靠度高的设备
3	安全性	安全性是指设备对生产安全的保障能力，企业一般应选择安装有自动控制装置的设备
4	可修性	可修性是指设备维修的难易程度。企业选择的设备要便于维修，为此应尽可能取得设备的有关资料和数据，或取得供方维修服务的保证
5	成套性	成套性是指设备在性能方面的配套水平。成套设备是机械、装置及其有关的其他要素的有机组合体。大型企业特别是自动化程度较高的企业越来越重视设备的成套性，选择配套程度高的设备有利于提高生产效率

图 2-6　设备采购的考虑因素

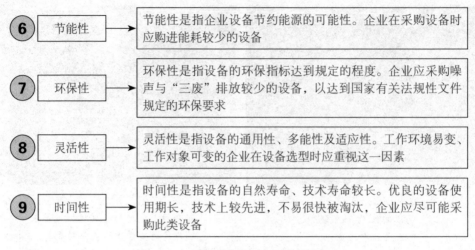

6	节能性	→	节能性是指企业设备节约能源的可能性。企业在采购设备时应购进能耗较少的设备
7	环保性	→	环保性是指设备的环保指标达到规定的程度。企业应采购噪声与"三废"排放较少的设备，以达到国家有关法规性文件规定的环保要求
8	灵活性	→	灵活性是指设备的通用性、多能性及适应性。工作环境易变、工作对象可变的企业在设备选型时应重视这一因素
9	时间性	→	时间性是指设备的自然寿命、技术寿命较长。优良的设备使用期长，技术上较先进，不易很快被淘汰，企业应尽可能采购此类设备

图2-6　设备采购的考虑因素（续图）

（二）从技术性、经济性等方面进行选择和评价

企业创建、扩建或对原有设备进行更新时均需添置新的设备，这就要求企业对所需购置的设备从技术性、经济性等方面进行选择和评价，以采购到符合要求的设备。

> 设备的选择要考虑投资回收期。

进行设备管理是为了取得良好的投资效益，达到设备寿命周期费用的最佳化。为此，企业在考虑技术的先进性、适用性的同时，还应重视对设备经济性的评价，使之在经济上合理。评价设备的经济性常用下列几种方法。

1. 投资回收期法

（1）含义

投资回收期法又称归还法或还本期法，常用于设备采购投资方案的评价和选择。它是指企业用每年所得的收益偿还原始投资所需要的时间（以年为单位）。

这种方法把财务流动性作为评价基准，用投资回收期的长短来判定设备投资效果，最终选择投资回收期最短的方案作为最优方案。

（2）计算方法

由于不同企业对自己每年所得的收益应包括的内容有不同的见解，因而投资回收期有三种不同的计算方法。

①用每年所获得的利润或节约额补偿原始投资。我国大多数企业常用这一方法计算投资回收期。其计算公式为：

$$投资回收期 = \frac{设备投资额}{年利润或节约额}$$

②用每年所获得的利润和税收补偿原始投资。其计算公式为：

$$投资回收期 = \frac{设备投资额}{年利润 + 年上缴税金}$$

③用每年所获得的现金净收入，即折旧加税后利润补偿原始投资。这种方法常被西方企业所采用。其计算公式为：

$$投资回收期 = \frac{设备投资额}{年现金净收入}$$

上述公式中，若各年收入不等，可逐年累计其金额，与原始投资总额相比较，即可算出投资回收期。

（3）投资回收期法的缺点

①没有考虑货币的时间价值。

②只强调了资金的周转和回收期内的收益，忽视了回收期之后的收益。

针对某些设备投资在最初几年收益较少的长期方案而言，如果只根据回收期的长短做出取舍，就可能会做出错误的决策。

2. 现值法

（1）含义

现值法是将不同方案中设备的每年使用费用，用年利率折合为"现值"，再加上原始投资费用，求得设备使用年限中的总费用（也称现值总费用），据此进行比较，从而判断设备投资方案经济性优劣的一种方法。

（2）计算公式

现值法总费用的计算公式为：

设备使用年限中的总费用＝原始投资费用＋每年使用费用×现值系数

$$现值系数 = \frac{(1+i)^n - 1}{i(1+i)^n}$$

式中：i 是年利率；

n 是设备使用年限。

现值系数除了可以用上面的公式计算外，还可通过查询年金现值系数表获得。

案例

某企业需购置某种设备，有 A、B 两种型号可供选择，有关资料如下表所示。

A、B 型号设备比较

相关费用	A 型号	B 型号
原始投资费用	8 000 元	10 000 元
每年使用费用	1 000 元	800 元
使用年限	10 年	10 年
年利率	10%	10%
残存价格	0	0

当年利率（i）为 10%，设备使用年限为 10 年时，现值系数为 6.444。

A 设备现值总费用为：

8 000+（1 000×6.444）=14 444（元）

B 设备现值总费用为：

10 000+（800×6.444）=15 155.20（元）

由于 A 型号设备现值总费用比 B 型号设备低 711.2 元（15 155.20−14 444），因此该企业应选择 A 型号设备。

3. 年费用法

（1）含义

年费用法是将不同方案中设备的年平均费用总额进行比较，以评价其经济效益的方法。

（2）计算方法

年平均费用总额是指每年分摊的原始投资费用与每年平均支出使用费用之和，用公式表示：

年平均费用总额＝年使用费用＋设备原始投资费用×投资回收系数

其中：

$$投资回收系数 = \frac{i(1+i)^n}{(1+i)^n - 1}$$

式中：i 是年利率；

　　　n 是设备使用年限。

可见，投资回收系数是现值系数的倒数。它既可以按上式计算，也可以通过查询年金终值系数表获得。

案例

仍以上一个案例的资料为例，介绍年费用法的评价方法。

当 i=10%，设备使用年限为 10 年时，投资回收系数为 0.162 75。

A 型号设备的年平均费用总额为：

1 000+（8 000×0.162 75）=2 302（元）

B 型号设备的年平均费用总额为：

800+（10 000×0.162 75）=2 427.5（元）

计算结果表明，A 型号设备年平均费用比 B 型号设备低 125.5 元（2 427.5-2 302），因此该企业应选择 A 型号设备。由此可以看出，该决策方案与现值法的结果相同。

四、设备采购的实施

（一）设备购置方式

设备购置由设备管理部门根据选型调研等情况来执行或组织执行设备采购方

案。合理的设备购置方式，不仅能规避采购风险，提高设备配置标准，还能降低采购价格。设备购置方式主要有以下三种。

1. 询比采购

询比采购是指向三个以上供应商发出需要采购设备的具体指标，由供应商进行报价、提供设备技术参数、介绍售后服务情况，并经过综合比较后来确定合格供应商的一种采购方式。询比采购不但有助于降低生产成本、提升企业的市场竞争力，还可以为企业赢得性价比合理的设备供货商，鞭策他们不断提升产品质量和售后服务水平。询比采购的缺点是受监督性不强，采购风险较大，只适用于采购价值较低且价格弹性不大的设备。

2. 谈判采购

谈判采购是指通过与多家供应商进行谈判，最后从中确定中标供应商的一种采购方式，或单独与一家供应商进行谈判，以达到提高设备配置和服务质量、降低购置价格的目的。此方式适用于紧急情况下或指定设备品牌与规格的采购。通过讨价还价，双方对发货、技术规格、价格等条款达成共识，这就要求双方对合同细节进行面对面的商谈，而不能仅靠文件交换。通过商谈，企业既要大幅度降低购置风险，又要提高配置和降低价格。谈判采购的缺点是部分设备为指定厂家的指定品牌，或在生产厂家直接定做，购置价格较高。

3. 招标采购

招标采购是指事先提出采购的条件和要求，邀请三家以上供应商参加投标，然后由采购方按照规定的程序和标准一次性从中优选出交易对象，并与其签订购置合同的采购方式。招标采购的整个过程应做到公开、公正和择优。通过招标，企业既要获得价格合理、条件优惠、质量可靠的设备，还要将采购风险降到最低。企业从招标文件的制定到采购合同的签订都应严谨，各阶段工作都要经过缜密的研究与准备。招投标双方必须严格遵循国家和行业的相关规定，避免发生差错或经济纠纷。

（二）采购合同的评审和管理

为了能够保质保量地完成采购任务，企业需对采购合同的技术性和经济性进行全面评审。首先由设备管理部组织使用、生产、工艺、基建、计划、财务等相关部门进行评审，然后由主管领导审核，最后经总经理审批后方可签订正式采购合同。

1. 合同的基本要素

合同内容及条款应由采购双方共同商定，主要包括以下基本要素。

（1）双方的名称、地址、联系方式、开户行账号、签约代表、纳税人识别号。

（2）设备型号、规格、数量，技术要求与验收标准。

（3）设备价款，运输、包装和保险费用及结算方式。

（4）交货的期限、地点与方式，违约责任和处罚办法。

（5）合同签订日期和履行有效期限。

（6）发生纠纷时，解决争议的途径与方法等。

2. 合同履行时的注意事项

（1）在采购设备过程中，采购方未按合同约定履行支付价款或其他义务时，设备的所有权应属于供方。

（2）供方应按照约定向采购方交付设备和相关资料。

（3）对具有知识产权的设备，除法律另有规定或相关方另有约定外，该知识产权不属于采购方。

（4）设备质量不符合要求时，采购方有权拒绝接受设备或解除合同，因上述原因造成的设备毁损等，由供方承担。

（5）在约定的检验期间，采购方应将设备数量、质量等情况及时通知供方，因采购方怠于通知的，则视为符合规定要求。

（6）采用分期付款方式采购的设备，当采购方未支付到期价款达到全部价款的1/5时，供方有权要求采购方支付全部货款或解除合同，并要求采购方支付该设备的使用费用。

（7）进口设备要委托国际公证商检机构进行设备质量的检验等。

五、设备验收与试运转

在设备运送至工厂后，企业就要对设备进行验收、安装、调试和试运转。在用设备经大修理或技术改造后，企业也要办理验收交接手续。有关技术文件、图纸资料和交接凭证记录应存入设备档案。

（一）到货验收与安装定位

1. 到货验收

设备到货验收时，由设备管理部组织使用、生产、安全、财务等部门的相关人员参加，验收内容如下。

（1）检查箱号、箱数及外包装是否符合要求。

（2）按装箱单清点核对主机规格型号、是否与合同及技术协议要求一致，零部件、工具、附件、技术资料等是否齐全并符合相关标准。

（3）核对设备基础图、电气线路图与设备实际情况是否相符。

（4）检查地脚螺钉孔等有关尺寸，以及地脚螺钉、垫铁等是否符合安装要求。

检查核对后，由使用部门填写设备开箱检查验收单，并详细记录检查情况。

2.安装定位

设备安装定位的基本原则是满足生产工艺的需要，以及维护、检修、安全、工序连接等方面的要求。安装位置应符合设备平面布置图与安装施工图的规定。设备安装定位时，企业首先考虑安装位置要适应产品工艺流程及加工条件的需要，包括环境温度、粉尘、噪声、光线、振动等；其次要保证最短的生产流程，方便工件存放、运输和切屑清理，以及车间平面的最大利用率和方便生产管理等；最后还要考虑平面布置是否整齐、美观并符合有关规定。

（二）调试和试运转

设备调试主要包括清洗、检查、调整和试车。设备调试由设备管理部组织，生产厂家实施，使用单位协助，主要包括三个方面的工作，如图2-7所示。

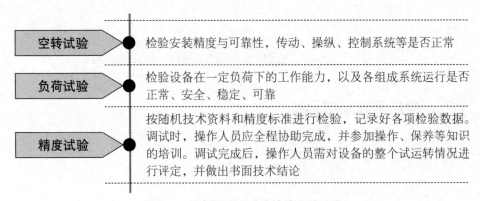

图2-7　设备调试和试运转的三项工作

六、终验收

设备终验收是对设备前期管理各阶段工作的总结，由设备管理部负责组织，使用、生产、工艺、基建、计划、财务等部门都需参加。验收标准如下。

（1）设备规划方案的符合性。

（2）购置合同及技术协议条款的符合性。

（3）安装定位是否符合相关标准。

（4）是否达到出厂时的精度要求。

（5）试运行状况是否满足生产与安全要求等。

各部门应严格按照相关标准做好验收工作，对不符合项目及时进行整改。全部工作完成后，各部门需在验收报告上进行会签，并办理设备出入库手续，将设备正式移交给使用部门。

七、建立设备资产卡片、台账与档案

拥有完整、系统的设备资产卡片、台账与档案，有利于实现对设备的全过程管理；经常对设备资料中的技术参数进行分析和比较，有利于发现设备故障发生的规律，便于排除故障和提报备品备件；对设备运行状况和维修情况进行跟踪，有利于设备的技术改造和更新工作；通过对设备资产卡片、台账与档案的阶段性阅读和分析，有利于总结设备管理工作的经验和不足，不断提高工作效率。

（一）设备资产卡片

设备资产卡片是设备资产的凭证，在设备验收完毕移交生产时，设备管理部门和财务部门均应建立单台设备的资产卡片，登记设备编号、基本数据及变动记录，并按使用保管单位的顺序建立设备卡片册。随着设备的调动、调拨、新增和报废，卡片位置可以在卡片册内调整、补充或抽出注销。

1. 设备资产登记明细卡

设备资产登记明细卡中记有设备资产的编号、名称、规格、型号、安装地点、制造厂、出厂日期、到厂日期等资料。设备资产登记明细卡如表 2-2 所示。

表 2-2　设备资产登记明细卡

设备编号		型号		制造厂		国别		出厂编号	
设备名称		规格		出厂日期		到厂日期		启动日期	
复杂系数	机：电：	重量（吨）		安装地点				原值（元）	

（续表）

附属电机总容量（千瓦）				附件及专用工具					
型号	容量	安装部位	台数	名称	型号规格	数量	名称	型号规格	数量
皮带									
型号规格	数量（条）								
大修理完工日期	年　月　日			年　月　日			年　月　日		

2. 设备卡片

设备卡片的内容包括设备名称、型号、规格、附属装置、设备原值等。设备卡片如表 2-3 和表 2-4 所示。

表 2-3　设备卡片（正面）

年　月　日

轮廓尺寸：长　　宽　　高				重量：　吨		
国别			制造厂		出厂编号	
				出厂日期		
				投产日期		
附属装置	名称	型号、规格	数量	分类折旧年限		
				修理复杂系数		
				机	电	热

64

（续表）

设备原值	资金来源	设备所有权	报废时净值
设备编号	设备名称	型号	设备分类

表 2-4　设备卡片（背面）

电机	用途	名称	形式	功率 / 千瓦	转速	备注
变动记录						
日期（ 年 月）	调入单位		调出单位		已提折旧	备注

（二）建立设备台账

设备台账是掌握企业设备资产状况，反映企业各种类型设备的拥有量、设备分布及其变动情况的主要依据。设备台账一般有两种编制形式：一种是按设备分类编号编制，它是以设备统一分类及编号目录为依据，按类组代号分页，按设备编号顺序排列，便于新增设备的编号和分类分型号统计；另一种是按照设备使用部门顺序排列编制，这种形式便于生产维修计划管理及年终设备清点。这两种台账可以采用相同的格式，如表 2-5 所示。两种设备台账汇总，构成企业设备总台账，其内容包括设备名称、型号、规格、折旧年限、设备编号、安装地点等。设备台账以表格形式呈现，每年都需要更新和盘点。

表 2-5　设备台账

设备类别：　　　　　　　　　　　　　　　　　　　　　　　　　　　　　单位：

序号	设备编号	设备名称	型号	设备分类	复杂系数			配套电机		总量（吨）	制造厂商	轮廓尺寸	出厂编号	制造日期	进厂日期	验收日期	投产日期	安装地点	折旧年限	设备原值（万元）	进口设备合同号	随机附件数	备注
					机	电	热	台	千瓦														

　　企业建立设备台账必须先建立和健全设备的原始凭证，如设备的验收移交单、调拨单（见表 2-6）、报废单等，再依据这些原始单据建立和登记各种设备台账，并及时了解设备的动态，为清点设备、进行统计和编制维修计划提供依据，以提高设备资产的利用率。

表 2-6　设备调拨单

日期：　　年　月　日

序号		设备编号		设备名称		设备使用状况	
调出部门		调出部门设备保管人		调出部门负责人			
调入部门		调入部门设备保管人		调入部门负责人			
设备部门管理员			设备部门负责人				

注：此单一式三份，一份调出部门保存，一份调入部门保存，一份设备部门留存。

（三）建立设备档案

　　设备档案是设备制造、使用、管理、维修的重要依据，有助于保证设备维修工作的质量，使设备处于良好的技术状态，提高设备的使用和维修水平。

1. 设备档案的内容与范围

设备档案是设备管理最基础的工具，档案上必须反映设备结构、性能、使用方法和运行保养状态等内容。企业自己设计、研制的专用设备的档案材料，包括在设计、研制、试验和制造过程中形成的科技文件，以及该项设备在安装、使用、维护、检修和改造过程中形成的科技文件。外购设备的档案材料主要内容包括设备记录卡（见表 2-7）、随机文件和安装、使用后形成的科技文件，如设备技术经济计算文件、订购合同书、说明书、合格证、装箱单、配件目录、安装规程、设备安装记录、试车验收记录和总结、设备运行记录（见表 2-8）、事故记录和检查记录、使用分析表、履历表、改造记录和总结等。

表 2-7 设备记录卡

设备名称		设备编号	
规格		型号	
生产厂家		单价（万元）	
出厂日期		购入日期	
使用单位		存放地点	
管理人员			

表 2-8 设备运行记录

运行时间	年 月 日 时至 时
使用人员	
工作内容	
运行情况记录	

2. 设备档案资料的收集

设备管理部门负责图纸资料的收集工作，将设计通用标准、检验标准、设备说明书及各种型号的设备制造图、装配图、重要易损零件图配置完整。

企业购入新设备，开箱时应通知资料员及有关人员收集随机带来的图纸资料，如果是进口设备需提请主管生产（设备）的领导组织翻译工作。随机说明书上的电器图在新设备安装前必须复制，用以指导安装施工，原图分级妥善保管。

设备检修与维修期间，由设备管理部门组织车间技术人员及有关人员对设备的易损件、传动件等进行测绘，经校对后将测绘图纸汇总成册存档管理。

随机带来的图纸资料、外购图纸和测绘图纸由设备管理部门组织审核校对，发现图纸与实物不符，必须做好记录，并在图纸上修改。设备管理部门将全部设备常用图纸（如装配图、传动系统图、电器原理图、润滑系统图等）进行描制后，供生产车间维修使用，原图未经批准一律不得外借或带出资料室。

3. 设备档案资料的整理

所有进入资料室保管的蓝图，资料管理员必须经过整理、清点编号和装订，登账后上架妥善保管。

图纸进入资料室后必须按总图、零件、标准件、外购件目录、部件总图、零件的图号顺序整理成套，并填写图纸目录和清单，详细记明实有张数，图面必须符合国家制图标准，有名称、图号，并由设计人、校对人、审核人签字。

4. 设备档案资料管理的具体要求

（1）技术文件应力求齐全、完整、准确。

（2）检验（检测）、检修、验收记录等资料由设备动力科分管人员分类整理后交资料管理员集中统一管理。

（3）所有图纸要有统一的编号。

（4）图纸上的各项技术要求标注齐全，图纸清晰。

（5）型号相同的设备，因制造厂和出厂年份不同，零件尺寸可能不同，应与实物核对，并在图纸索引中加以注明。

（6）设备经改装或改造后，图纸应及时修改。

（7）图纸的修改应标示在底图上，并在修改索引上注明。

（8）凡是原制造厂的图纸，一律沿用原制造厂的编号。

5. 设备档案资料借阅的管理规定

（1）资料管理员认真在"图纸资料借阅登记表"中填写名称、图号、张数、借阅时间、借阅期限等项目。

（2）借阅人在"图纸资料借阅登记表"签字栏签字。

（3）对于绝密文件资料的借阅，资料管理员需报请设备管理部门负责人批准后方可借出。

（4）资料借阅时间要事先规定，借阅期满，资料管理员应催收；需继续借阅者，应办理顺延手续；该归还不归还或遗失、损坏资料者，由设备管理部门按实际损失估价并责令借阅者照价赔偿。

第三章

TPM个别改善

　　个别改善是指设备、人或原物料的效率化，也就是追求生产性的极限，并以实质效果为目标。通过开展个别改善活动，企业可以提升相关人员的技术能力、分析能力及改善能力。

第一节　个别改善概述

个别改善是企业根据设备的不同状况，如设备的利用状况、性能稼动率、合格率和生命周期等，对设备进行的个体化维护和改善，使设备的综合利用率达到最高。

一、实施个别改善的意义

TPM 的八大支柱里，第一个支柱就是个别改善。为什么将个别改善放在第一的位置呢？主要是基于如下两个方面的考虑。

（1）根据木桶原理，迅速找到企业的短板并给予改善，这样做能够用最小的投入产生最大的效果，既可以改善现状，又能够最大限度地给员工良好的示范，并为活动热身。

（2）TPM 导入初期，企业对其将来所能产生的效果是有疑虑的，员工和管理层对 TPM 的接受程度也是有差异的。选择支持 TPM 的某个项目推进，能够集中有限的力量进行局部突破，既为推行人员积累第一手经验，也给企业上下增添信心。

二、个别改善的效果

个别改善的效果如图 3-1 所示。

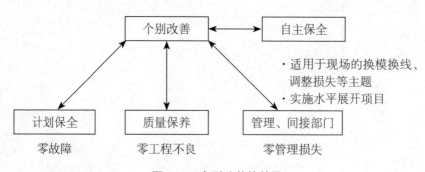

图 3-1　个别改善的效果

企业开展个别改善活动的意义在于能够提升生产效率或产品质量，降低成本，缔造良好业绩，创造优质的工作环境。

三、个别改善的目标

个别改善是 TPM 活动的重要环节，它通过开展效率化活动追求生产效率的最大化。简单地说，个别改善就是通过彻底消除设备的损耗，提高参与人员的技术和改善能力。

企业通过个别改善可以实现以下目标，具体如图 3-2 所示。

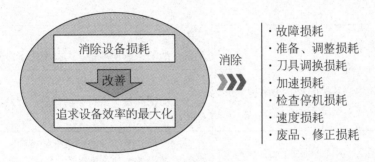

图 3-2　个别改善的目标

1. 追求设备效率的最大化

设备的效率是有限的，企业应考虑如何最高效地使用设备。

2. 消除设备损耗

企业必须考虑设备的损耗有哪些，以及损耗的构成是什么。

四、个别改善的内容

为追求设备效率化的极限，最大限度地发挥设备的性能和机能，就要消除影响设备效率化的损耗。个别改善就是指消除引起设备的综合效率下降的七大损耗的具体活动。其主要内容包括零故障、切换损耗的改善方法、刀具损耗的改善方法、前期损耗的改善方法、瞬间停止损耗的改善方法、速度低下损耗的改善方法及不良减少的方法。

五、个别改善的课题和层别

个别改善的课题和层别如表 3-1 所示。

表 3-1　个别改善的课题和层别

类别	具体内容
1. 以小团队活动（自主维护）为中心解决的课题	◇简单的课题 举例：瞬停、手动修复、切换故障
2. 以主管、班长级别为中心解决的课题	◇中等难度的课题 举例：瞬停、不良手动修复、直通率、一次成型良品切换
3. 以经理为中心解决的课题	◇困难的课题 举例：故障、前期准备、刀具使用寿命延长
4. 以专员为中心解决的课题（维护专员、生产技术专员、制造者）	◇困难、涉及面广的课题 举例：前期准备、不良手动修复、刀具使用寿命延长
5. 以项目团队为中心解决的课题	◇困难、涉及面广、时间紧促的课题 举例：新设备的前期准备

第二节　个别改善的推行

一、个别改善的支柱——改善提案活动

改善提案活动通常作为 TPM 活动的一部分，与整体 TPM 活动同时进行。但在实际工作中，很多企业会将改善提案活动单独开展，以便更有针对性地改善设备管理水平。

（一）改善提案活动的作用

改善提案活动的作用如图 3-3 所示。

作用一	培养员工的问题意识和改善意识，改善员工的精神面貌，塑造积极进取、文明健康的企业文化
作用二	提高员工发现问题和解决问题的能力，提高员工的技能水平
作用三	改善员工的工作环境，提高员工满意度；改善设备的运行条件，提高设备运行效率
作用四	培养员工从细微处着眼消除各种浪费、损耗现象，降低成本，提高效率

图 3-3　改善提案活动的作用

（二）改善提案活动的特点

改善提案活动具有以下五个特点。

（1）制度化的奖励措施。

（2）鼓励改善提案的自主实施。

（3）不限定提案内容。

（4）提案格式标准化。

（5）提案活动不能片面地追求所谓的经济利益。

（三）明确改善提案活动的要求

　　企业坚持开展改善提案活动，可以造就自主、积极进取的员工，塑造积极向上的企业文化。改善提案活动的具体要求如图 3-4 所示。

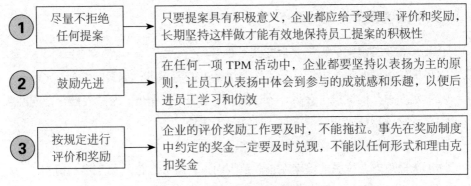

图 3-4　改善提案活动的具体要求

（四）树立对改善提案活动的正确认识

企业员工应树立对改善提案活动的正确认识，具体措施如图3-5所示。

鼓励全体员工积极提出提案。只要是有益的，再小的提案都是可取、可喜的。员工提出的提案数量越多，说明员工对企业存在的问题越关注

员工写提案不会影响正常工作，因为提案并不是随笔就能写好的，它需要员工了解和熟悉工作，有很强的观察事物和发现问题的能力，还需要有很强的责任心

图 3-5　树立对改善提案活动的正确认识的具体措施

（五）改善提案活动的宣传造势

企业应在改善活动推行之前进行宣传造势，具体措施如下。

（1）用宣传栏、手册、宣传画、范例讲解等形式进行宣传教育。

（2）设置改善提案看板，将改善提案的相关信息登在看板上，供各级员工了解提案内容。

（3）制造推行的气氛：各单位主管组织进行讨论或举办知识竞赛。

（4）总经理在员工大会上宣布成立提案委员会并强调提案的重要性，引起全体员工的重视。

（5）总经理参与颁奖并经常过问提案活动的推进情况。

（六）改善提案活动的要点

企业开展改善提案活动需要掌握以下要点。

（1）提前编制好提案书，让员工按照提案书的要求进行提案的编写。

（2）定期召开提案推进会议，随时检查提案的管理制度，及时处理存在的问题。

（3）经常进行技术和管理培训，提高员工素质。

（4）定期向总经理汇报提案的推进情况。

（5）选择重点、优秀的提案在企业范围内进行发表，鼓励员工多写提案。

（6）公布评分办法。

【请注意】标准的提案书模板应便于员工填写，使员工在提出提案时，不需要花费很大精力去组织语言。

（七）积极开展各类评比和展示活动

随着提案活动的推进，企业开展各类评比展示活动是很有必要的，原因如下。

（1）做好评比展示工作可以营造一种良好、热烈的改善氛围。

（2）让员工从中体验到成就感。

（3）为员工提供一个相互学习和借鉴的平台。

（4）展示企业积极向上的精神面貌。

（八）明确提案效果的核算标准

制定统一的提案等级评价基准是做好等级评价工作的前提条件。提案效果的核算标准包括两方面内容，如图3-6所示。

有形效果的核算标准	无形效果的核算标准
企业有必要制作一份统一的有形效果核算基准。这一基准可以包括对成本或效率产生影响的一些主要项目，如设备投资及折旧费用，以及材料、零件、产品损耗费用等	有形效果是可以量化的，而无形效果和其他项目（如创意、工作难度、努力程度等）的评价基准比较难以确定，多数情况下要靠主观判断来决定改善的效果。为了使各部门能较为有效、客观地进行级别评判，企业可以规定在涉及较高级别的评价时，通过讨论的形式决定提案的级别

图3-6 提案效果的核算标准

（九）确定奖励标准

对提出改善提案的提案人实施奖励（包括物质奖励和精神奖励）是激发这项活动参与热情的最根本措施。具体的奖励标准分为两类，如图3-7所示。

物质奖励标准

物质奖励一般分为现金奖励和物品奖励，这里以现金奖励为例进行说明。对各个级别的提案应发放多少奖励金，企业要根据奖金预算（财务部门或企业高层管理者认可的预算额度）来决定

精神奖励标准

除了物质奖励，企业还可以辅之以精神奖励。例如，颁发月度、季度、年度冠军奖状或锦旗。企业还可以通过评选"提案之星"来鼓励员工积极提案

图 3-7　奖励标准

二、个别改善的整体推行方法

（一）奖励为主

初期阶段，企业对员工提出的改善提案从各个方面进行奖励，可以有力地促进全员参与的热情。最初的改善提案质量不高是正常现象。如果此时就按效果进行评价和奖励，会抹杀员工的积极性。这时，企业可以从其他方面对员工的改善提案进行评价和奖励。例如，将文采好的改善提案在企业内部刊物或网络媒体上发表，按字数发给员工一定的稿费，同时，对于提出改善提案较多的员工，可以通过调整工作岗位，使其获得更多的晋升机会。通过这些方法使员工觉得自己的改善提案受到重视，同时也向全员展示了企业推行个别改善的决心，并明确员工的晋升将和改善提案有直接关系。

（二）中期量化

个别改善是一项长期活动。随着改善提案的不断推行，员工的惰性开始显现。这时，企业就要实行个别改善和工作业绩挂钩的量化方法。例如，将员工工资中的奖金提出一部分，再增加一些作为改善提案奖金，规定每人每月必须提出 2 ～ 4 个改善提案才可以拿到全部奖金。这样一来，员工为了保住现有的利益不受损失，同时也为了能拿到新增加的部分奖金，就会积极参与改善活动。

（三）建立个别改善提案台账

企业需要将收到的每一个改善提案按题目、部门进行编号记录。这是因为在改

善活动进行到一定的阶段后，有些员工为了拿到奖金，会将以前别人写过的改善提案再写一遍。这时，如果企业对提案管理不当，就会使这种蒙混过关的现象得逞。因此，企业有必要对改善提案建立台账进行管理。个别改善提案台账如表3-2所示。

表3-2　个别改善提案台账

序号	提案编号	提案名称或提案内容	提案人	提交时间	积分

制表人：　　　　　　　　　　　　　　　　　　　　日期：　　年　月　日

（四）逐渐标准化

个别改善活动开展一年以后，企业可结合自身的特点和在实施个别改善活动中积累的经验进行归纳总结，形成个别改善活动管理办法，将改善提案的思路、流程、表格、评价等进行全面标准化，使个别改善活动制度化。

（五）组织发表

在企业层面组织优秀改善提案和课题的发表会，让提出改善提案的员工和团队代表上台讲述自己写提案的动机、思路、方法和提案实施后取得的成果。这样做一方面可以锻炼员工的个人能力，另一方面可以激发员工的提案热情。个别改善成果发表评分表如表3-3所示。

表3-3　个别改善成果发表评分表

评分项目		分值	发表者姓名		
1.选定课题及理由	（1）通过课题名能够了解具体的活动内容 （2）通过具体的结果来把握问题 （3）所选的课题是否是企业方针目标或销售目标所期待的	10			

（续表）

评分项目		分值	发表者姓名				
2. 把握现状	（1）是否从多个方面把握了问题 （2）是否有效地运用了图表或曲线来明确地表现出问题点	10					
3. 设定目标	（1）目标的三要素——对象、期限、量化值是否明确 （2）目标值是否具有挑战性（难度水平）	5					
4. 解剖分析	（1）目标是否通过追求"三现主义"（现场、现物、现象）+"二原"（原理、原则），追究真正的原因 （2）是否正确有效地运用了解剖分析方法和图线	10					
5. 对策确立	（1）是否以要因分析为基础评价探讨对策方案，并付诸实施 （2）是否积极地吸收其他部门和其他企业的信息并加以灵活运用 （3）是否对每项对策都分别确认了效果	10					
6. 确认效果	（1）是否用与目标设定相同的项目和尺度来比较效果 （2）是否对无形效果、波及效果均以易于判别的形式进行了确认	10					
7. 标准化与彻底的管理	（1）是否完成了标准化和规则化 （2）能否确认取得的效果被保持下去	10					
8. 反省与今后的课题	（1）是否对活动过程进行了反省 （2）对今后的课题是否做了适当的设定	5					
9. 是否取得了成果	（1）是否在预定期限内完成了目标 （2）该活动成果对企业方针目标或销售目标是否有贡献	20					
10. 发表的成果是否易于理解	（1）发表的成果是否易于评判 （2）发表的成果是否给听众带来了渲染的氛围（听众是否受到感染和感动）	10					
评分者姓名		100					

三、个别改善的进行方法与步骤

个别改善的进行方法如图 3-8 所示。

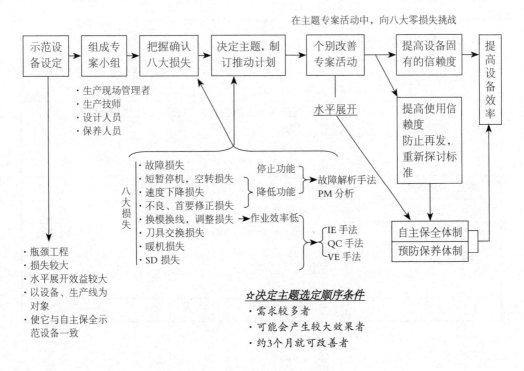

图 3-8　个别改善的进行方法

个别改善的进行步骤如表 3-4 所示。

表 3-4　个别改善的进行步骤

步骤	活动内容
步骤 1　主题选定的理由	（1）瓶颈生产线、工程及设备中损失较多者 （2）从指标展开的层别中，找出最有改善效益者 （3）比较重要的或面临急需改善的课题，或进行水平展开效益较大者
步骤 2　设备与流程概要	了解相关设备与相关问题点的作业流程
步骤 3　现状掌握	（1）观察不良发生的细小动作程序 （2）掌握并收集问题点的相关资料，包括频率、位置、何时发生等

（续表）

步骤	活动内容
步骤3　现状掌握	（3）不良与故障现象的明确化 （4）掌握相关生产条件的遵守情况并复原
步骤4　目标的选定	（1）以零损失的观念设定挑战的目标和活动期限 （2）决定各项损失对策的负责人
步骤5　拟订改善计划	（1）确定分析、对策、实施改善等顺序，制作推动计划的日程表 （2）实施高阶诊断
步骤6　问题解析、拟定对策与对策评估	（1）活用为改善所做的分析、调查、实验等所有技术方法，并确定改善方案及其评估方法 （2）不断改善，直到达成目标为止 （3）进行高阶诊断，以完善对策
步骤7　实施改善	实施必要的预算管理，并且实施改善
步骤8　确认效果	确认实施改善后的效果
步骤9　标准化	（1）实施制造标准、作业标准、资材标准、保养标准等必要的标准化与防止再发对策 （2）制作水平展开手册 （3）进行高阶诊断
步骤10　水平展开	相关生产线、工程等水平展开改善

第三节　个别改善的方法

一、why-why 分析法

（一）什么是 why-why 分析法

丰田生产方式的创始人大野耐一喜欢在车间走来走去，并不时停下来向工人发问。他反复地问"为什么"，直到回答令他满意、被他问到的人心里明白为止——这就是后来著名的"五个为什么"。

有一次，大野耐一在生产线发现机器总是停转，虽然修过很多次，但仍不见好转。

于是，大野耐一与工人进行了以下问答。

　　一问：为什么机器停了？

　　答：因为超过了负荷，保险丝就断了。

　　二问：为什么超负荷呢？

　　答：因为轴承的润滑不够。

　　三问：为什么润滑不够？

　　答：因为润滑泵吸不上油来。

　　四问：为什么吸不上油来？

　　答：因为油泵轴磨损、松动了。

　　五问：为什么磨损了呢？

　　答：因为没有安装过滤器，混进了铁屑等杂质。

　　经过连续五次不停地问"为什么"，工人才找到问题的真正原因和解决方法，在油泵上安装过滤器。

设备发生故障却找不出对策，其真正原因如图 3-9 所示。

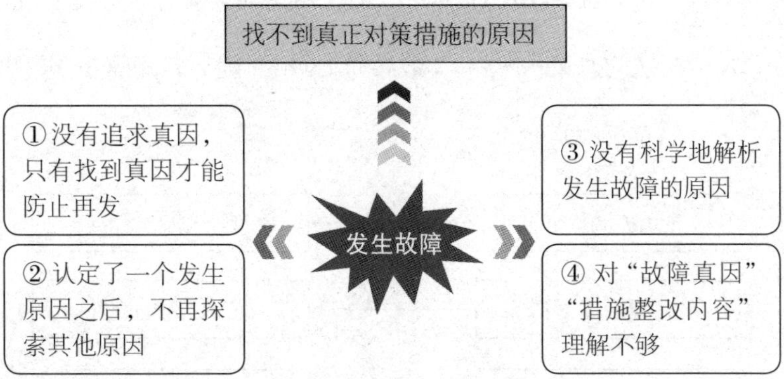

图 3-9　设备发生故障却找不出对策的原因

　　所谓 why-why 分析法，就是使用系统化的思考模式，将发现的现象由应有状态或 4M（人、机械、材料、方法）的关系筛选出引起现象的因素，再以筛选出的因素为基础，一方面仔细观察、调查现场或现物，另一方面追求真正的原因，并且研究防止再发的对策。

　　简而言之，对发现的现象连续进行多次思考"为什么（why）"的动作，并验证要因是否成立，然后对真因制定有效对策的方法就称为"why–why 分析法"。

why–why 分析法的思考架构如图 3–10 所示。

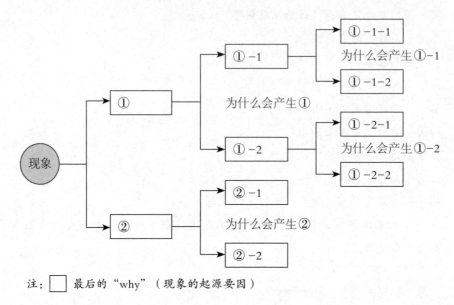

注：☐ 最后的"why"（现象的起源要因）

图 3–10　why–why 分析法的思考架构

why–why 分析法的对策——将"（最后的）why"消灭，如图 3–11 所示。

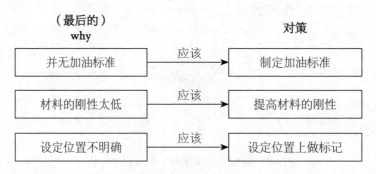

图 3–11　why–why 分析法的对策——将"（最后的）why"消灭

（二）使用 why–why 分析法的时机

（1）在 TPM 活动初期阶段，也就是自主保全的第 1 ~ 3 步骤。

（2）大幅降低故障与不良的原因解析（由 10% ~ 15% 降至 1%）。

（3）追究造成现象的原因。

（4）无法凭经验推测造成现象的原因。

（5）可常见的物理原理验证造成现象的原因。

（三）现场人员使用 why-why 分析法的目的

（1）让现场所有人（作业人员、保养人员、管理人员等）具备逻辑思考能力（培养解析能力以排除发生在现场的不合理规定或习惯）。

（2）培养逻辑性的指导能力（通过教导别人察觉自己的错误并做出修正，同时获得成长）。

（3）培养理解机械机能、构造的能力（通过对机械机能、构造的理解，学习分辨设备异常的能力，进而建立维持设备应有机能的健全想法）。

（4）在现场作分析，可以准确地发现设备异常的根源。在这个过程中可以了解大多数问题只要小小的改善就可以解决，进而渐渐培养出改善精神。

（5）培养防止再发的想法。

（6）不只是现场的作业人员、管理人员，保养人员及技术人员也要共同参与分析，将问题的关键找出来，创造和谐的沟通氛围。

（四）应用 why-why 分析法的方法

1. 从应有的状态入手

从应有的状态入手应用 why-why 分析法，具体如图 3-12 所示。

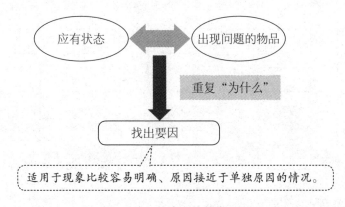

图 3-12　从应有的状态入手

案例

从应有的状态入手分析示例如下。

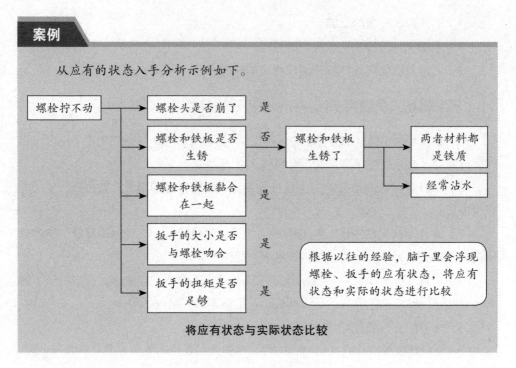

将应有状态与实际状态比较

从应有的状态入手分析的步骤如图 3-13 所示。

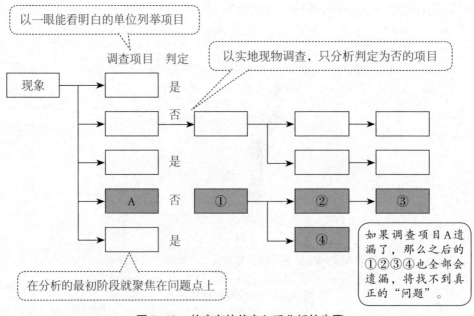

图 3-13 从应有的状态入手分析的步骤

案例

问题现象：车棚顶角出现凹痕

右侧

左侧

40块中有12块有凹痕

台车的防凹痕措施

固定器

现象	Why①	Why②	Why③	Why④	Why⑤	对策

车棚顶角的强度是否在规格内 → 否 → 顶角部的强度太低 → 冲压的压力施加于上下方向，边角部的压力比较弱 → 说明顶角部的间隙过大 → 是

边角部的恒温低于基准 → 是

托盘的缓冲垫是否脱落 → 是

隔板是否倒塌 → 是

是否做过车棚模型试验 → 是

车棚模型是否损坏 → 否 → 角部损坏 → 未设置在正规位置 → 是

车棚顶角出现凹痕

强度在基准以下 → 否

未固定，发生了位移 → 否

托盘固定器的长度、大小、直角度是否正确 → 是

装卸搬运时托盘是否倾斜了 → 否 → 叉车的爪子倾斜了 → 为了防止托盘掉落 → 对爪子的角度无要求 → 作业标准里没有指示 → 否

没有对托盘的指示 → 否

搬运过程中是否有急刹车、急加速的情况 → 是

卡车送货时是否在颠簸不平的路面行驶 → 否 → 车棚越过了托盘固定器 → 车棚的跳动定向超过了固定器的高度 → 设定固定器的高度时未考虑固定对象的上下跳动 → 否

在崎岖不平的道路上行驶导致颠簸 → 否

托盘不能限制物品的上下跳动 → 否

托盘有没有掉落过 → 是

提升顶角部强度

固定在托盘处

作业指导书中指示

角度指示

加长固定器

走平坦道路

修改托盘

2. 原理原则解析法

该方法适用于现象发生机理比较复杂、问题数量比较多的情况。因为引起问题的要因无法确定，或者即使确定，很可能还存在其他要因，具体如图 3-14 所示。

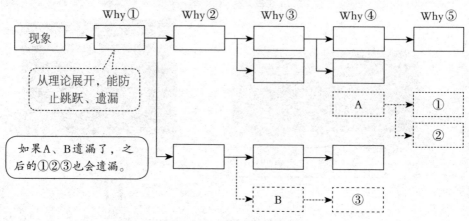

图 3-14　原理原则解析法

案例

螺栓拧不动的分析如下。

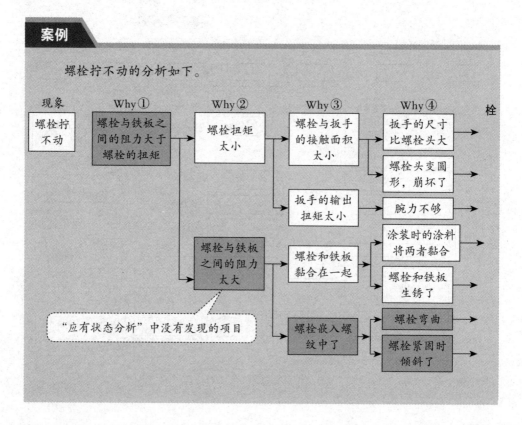

3. 两种分析方法如何区分使用

两者没有严格的区分标准。对容易理解和解析的部分可以先利用“从应有的状态入手”的方法进行分析,遇到比较难解的地方可以利用“原理原则解析法”来分析。两种分析方法的选用如图 3-15 所示。

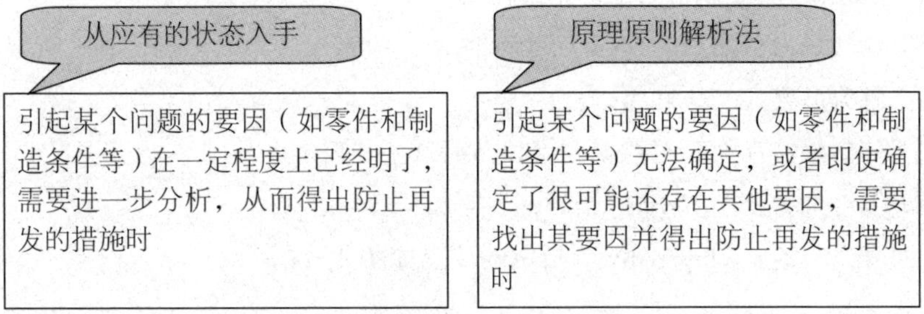

从应有的状态入手
引起某个问题的要因（如零件和制造条件等）在一定程度上已经明了，需要进一步分析，从而得出防止再发的措施时
原理原则解析法
引起某个问题的要因（如零件和制造条件等）无法确定，或者即使确定了很可能还存在其他要因，需要找出其要因并得出防止再发的措施时

图 3-15 两种分析方法的选用

（五）实施 why-why 分析法的要点

实施 why-why 分析法的要点如下。

（1）整理并区分问题,掌握事实状态。整理有可能认清问题的对象、物品或事项,牢牢地把握其中的事实。整理时要仔细观察现场、现物、现实（三现原则），找到问题点并缩小焦点，借此准确抓住“现象”。

如果是故障解析，在“为什么”解析之前，首先要明确发生的现场和现物的状态、故障的详细内容。“why”的开头,应根据产生“现象”的原理、原则（二原主义）去思考。

三现原则及二原主义如图 3-16 所示。

现场
实际发生不良的地方
现物
观察发生不良的实物，用以比较正常与异常的差异点
现实
切实掌握产生不良的原因
原理
真正了解加工动作的原理
原则
能够维持加工动作原理的必要条件

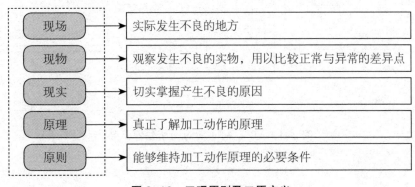

图 3-16 三现原则及二原主义

（2）充分理解问题部分的机制"构造"、功能机理。实施"为什么"解析的时候要集合集体的智慧。如果是机器故障，解析时要把出现问题的部分和相关部分的草图现场画出来。如果是业务问题，要写出发生问题的业务流程。

（3）从最后的"why"部分追溯至"现象"，确认是否合乎逻辑。

（4）继续做"why"直至出现能引出防止再发对策的要因为止。

（5）只写认为有偏差（异常）的部分。

（6）避免追究人的心理原因。

（7）分析报告宜为简短的说明文，务必加主语。

（8）报告中勿使用"不好""坏的"等词语。

总而言之，实施 why-why 分析法的要点如图 3-17 所示。

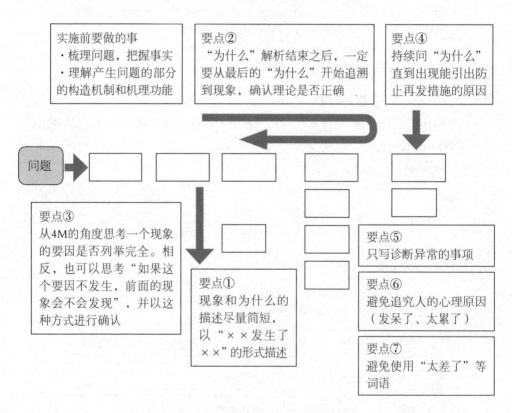

图 3-17　实施 why-why 分析法的要点

案例

　　以下两张图是对自行车车灯不亮的原因分析。第一张图很明显分析了不足，但还需要更加具体的分析。而第二张图分析得很彻底，问题得到了完全解决。

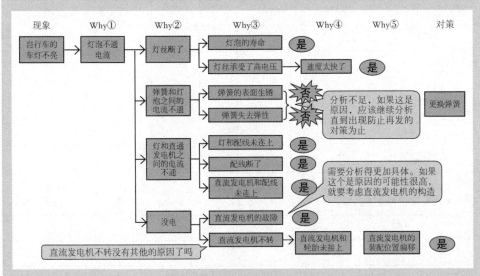

问题未得到解决的分析

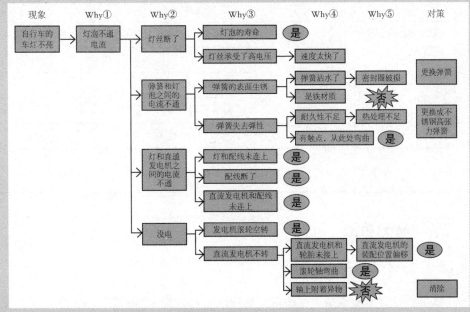

问题得到全面解决的分析

在运用 why-why 分析法时可以使用 why-why 分析表，如表 3-5 所示。

表 3-5　why-why 分析表

生产线名称		发生日期				停止时间		
设备名称		修复时间				故障区分	偶发	再发
现象 　　（简图）			调查项目	结果	良否	处置		
发生情形（图）								
						处置者		
追究原因	why 1 （调查结果原因）	why 2 （why 1 的原因）	why 3 （why 2 的原因）		why 4 （why 3 的原因）	why 5 （why 4 的原因）		
防止再发	（目标／实际完成）	发现方法	项目		区分	内容	承办	目标　实际完成
			单点课程					
			反映到基准书中					
			对策水平展开					
部门经理评语		部门主管评语		作业评语				效果

二、PM 分析法

（一）什么是 PM 分析法

PM 分析法是分析设备所产生的重复性故障及其相关原因的一种方法，是把重复性故障的相关原因无遗漏地考虑进去的一种全面分析的方法。

PM 中的 P 是指 Phenomena 或 Phenomenon（现象）及 Physical（物理的），M 是指 Mechanism（机能）及与其关联的 Man（人）、Machine（设备）、Material（材料）、Method（方法），具体含义如图 3-18 所示。

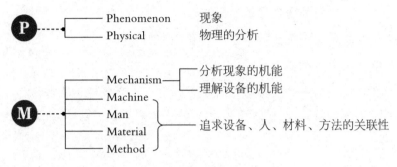

图 3-18　PM 的含义

PM 分析法就是将慢性不良及慢性故障等慢性化不正常现象依其原理、原则进行物理分析，以明确不正常现象的机能，并根据原理考虑所有会产生该影响的原因，从设备的机理、人、材料及方法等方面着手，并列示出来。

（二）PM 分析法的适用时机

当要求达成因设备所衍生的慢性损失为零的目标时，即可采用 PM 分析法，其特点是以理论指导实际，要求对设备具有相当的了解。

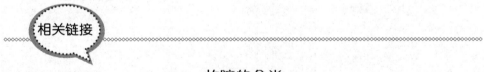

相关链接

故障的分类

故障可以分为两大类。

1. 突发型故障——致命、长时间、一般、小停止

突发型故障是指突然发生的故障，大部分由单一原因所导致。这类故障比较容易发现，而且原因和结果的关系也比较明显，所以比较容易实施相应对策。

具体示例如下。

（1）治具磨耗至某限度以上时，就无法保持精确度，因而发生不良。

（2）主轴发生某程度以上的振动而产生较大的尺寸差异，导致条件急剧的改变而发生不良，在实施复原对策时，只要能将变动的条件及原因回到原本正确的状态，问题大多能够获得解决。

2. 劣化型故障——机能低下型、质量低下型

劣化型故障有两种类型。

（1）机能低下型——设备虽正常运行，但产出量却逐渐下降。

（2）质量低下型——未知设备哪个部位发生劣化，逐渐使所生产的产品发生质量不良。

劣化型故障的成因和结果的关系非常复杂。要找出劣化损失的原因是非常困难的一件事，因为它的原因不止一个且很难明确掌握。由于原因和结果的关系不清楚，因此很难对症下药和实施相应的对策。

故障的分类示意图如图1所示。

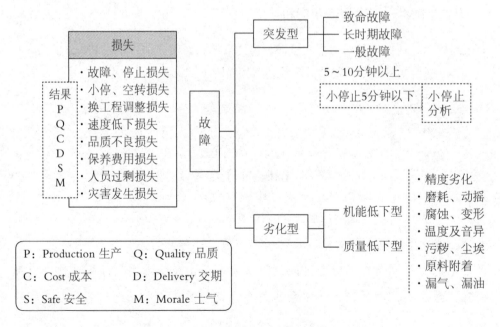

图1　故障的分类示意图

突发型故障和劣化型故障的区别如图 2 所示。

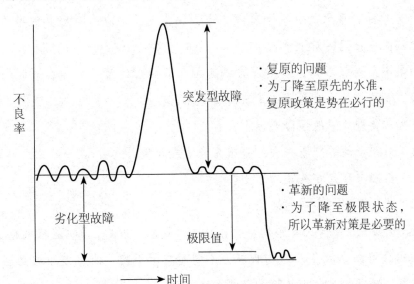

· 复原的问题
· 为了降至原先的水准，
  复原政策是势在必行的

· 革新的问题
· 为了降至极限状态，
  所以革新对策是必要的

图 2　突发型故障与劣化型故障的区别

在实施各种对策之后，短时间内大部分故障会有所改善，但是过了一段时间又会开始恶化，如此反复不停地发生。因此，为了达成零不良，如再使用以前的观念将会行不通，必须改用新的观念。

劣化型故障有两个特性。一是显在的故障原因虽然只有一个，但实际构成的原因有很多，而且经常改变；二是由复合原因产生，但组成的原因随时在变。

显在的原因虽然只有一个，
但是构成的原因有很多

由于复合原因产生，但组成
的原因随时在变

在不了解劣化型故障特性的状况下就实施对策，并不能减少故障或不良。在没有充分分析现象的状况下就缩小原因提出对策，没有考虑其他事项，当然也无法实施正确的对策。

如果不是对症下药，针对发生的原因实施相应对策，只能在短时间内获得改善，无法持续，也不能收到良好的效果。

解决劣化型故障的误区有以下三种。

（1）对现象的识别不完全，也未充分实施分析。

（2）遗漏与现象相关联的原因。

（3）遗漏要因中潜在的缺陷。

对于大缺陷，任何人看到均会当作是一种缺陷。但是，当缺陷越来越小时，如何找出缺陷，则依各人的判断能力不同而有所不同。能将微小缺陷当作缺陷指出来，是减少劣化型故障的必要条件。

（三）PM 分析法适用的水平

PM 分析法适用的水平如图 3-19 所示。

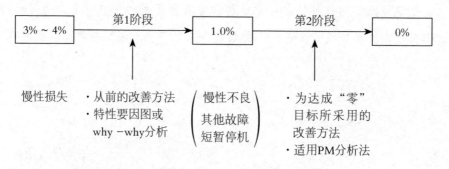

图 3-19　PM 分析法适用的水平

（四）PM 分析法的步骤

PM 分析法的主要步骤如下。

1.现象的明确化

运用三现原则对现象加以明确，具体的着眼点如下。

（1）是哪一个工程中发生的现象？

（2）发生在工程的哪个部分？

（3）显现的方法中是否有差异？

（4）发生的状态中是否有差异？

（5）发生的现象中过程是否有差异？

（6）机种和机种之间是否有差异？

（7）操作人员是否有差异？

现象明确化的步骤与重点如图3-20所示。

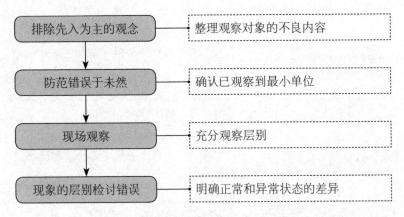

图3-20　现象明确化的步骤与重点

接下来以5W1H做现象的层别分析，即Who——由谁，What——做什么，Where——在哪里，When——什么时候，Which——哪一个，How——怎么做。

2.对现象的物理分析

所谓对现象的物理分析，就是用物理、化学等方法对现象进行分析。

任何故障现象不会无缘无故发生，都存在其物理或化学背景，因此要尽量用物理或者化学的原理来解释发生的故障现象。

（1）常见的物理量如图3-21所示。

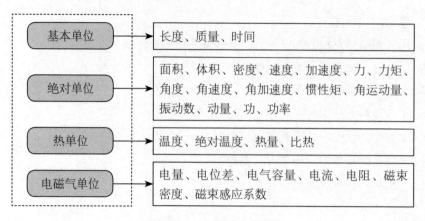

图 3-21　常见的物理量

（2）物理分析的步骤与重点如图 3-22 所示。

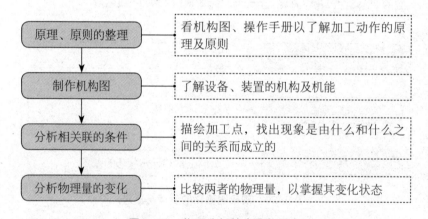

图 3-22　物理分析的步骤与重点

3. 探讨现象的成立条件

根据科学原理、原则来探讨现象的成立条件。通过穷举法尽可能多地列举促成现象的条件，无论其出现概率大小都应加以考虑，然后再进行分析筛选。

从原理、原则角度探讨现象成立的条件，如果具备这种条件，现象就一定会发生，对此加以整理是解决问题的关键。这就需要从物理的角度来分析现象，说明其产生的机理和成立的条件。

如果对某种现象成立的条件掌握得不充分，那么在采取对策时就只能对某些条件予以考虑并采取对策，而对其他成立条件就不予考虑，其结果是慢性损失往往没有降低。同时还应注意，分析时不要考虑各种成立条件的概率大小。

探讨成立条件的步骤如下。

（1）区分设备机能部位。

（2）整理设备机能部位应有的效能。

（3）分析效能和不良现象之间的因果关系。

（4）整理设备方面的成立条件。

（5）应遵守的标准（设备及人）未被遵守时，要分析其成立的条件。

（6）分析依据上一个工序所成立的条件。

4. 分析 4M 之间的关联性

从生产现场 4 M——Machine（机器、工具）、Material（材料）、Method（方法）、Man（操作人员）方面寻找故障的原因。把与故障现象有关的原因列出来，从人、机、料、法、环等方面筛选最有关系的因素，并将所能考虑到的因素都列出来，画出因果关系图，如图 3-23 所示。

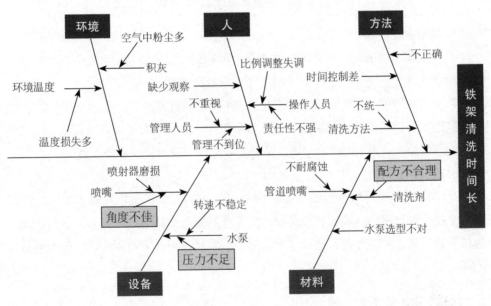

说明：由参加分析的9个人找出主要原因，主要原因的得票数为水泵压力不足得9票、清洗剂配方不合理得8票、喷嘴角度不佳得6票。

图 3-23　因果关系图

成立条件与 4M 的关系如图 3-24 所示。

物理分析　　　　　　成立条件　　　　　4M（一次要因）　　　4M（二次要因）

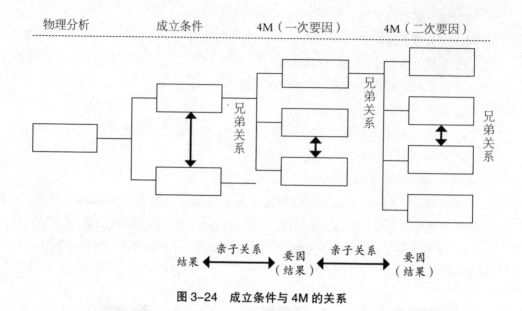

图 3-24　成立条件与 4M 的关系

5. 确定主要原因

上一步骤中列出的一些原因可能不是主要原因，这一步就要针对各项故障原因进行验证（调查、检验、分析），找出产生故障的主要原因。

针对各种原因，分析人员要具体地研究不同的验证方法、调查方法、测定方法、调查范围、调查项目等。如果调查方法与所需调查的因素有所偏差，则验证的结果将无法取信他人，找出的原因也可能不是主要原因，解决措施就会失效。

6. 提出改进方案

企业应针对各种验证后的故障要因提出改进的方案，根据掌握的工具、手段和方法确定如何解决问题或者改善问题。企业制定出措施后就要实施，针对故障问题点制定对策，实施改善，使设备更趋完备。同时，企业在实施改善过程中要做好记录。

（五）PM 分析表

PM 分析表是进行 PM 分析的一个工具，其格式如表 3-6 所示。

表 3-6　PM 分析表

部门		完成日期：　　　年　月　日			经理	主管	班长
设备名称							
发生日期		制作者：					

现象	物理的看法	成立的条件	设备、材料、治工具的关联性	调查结果	对策

（六）实施 PM 分析的注意点

实施 PM 分析应注意以下问题。

（1）实施 PM 分析的团队应包含操作人员、组长、保养人员、生产及设备设计等技术人员，至少由 4 人组成。

（2）PM 分析表尽可能以图画的方式记录，这样可以表达出文字难以表述的情况，其他人员也比较容易看懂。

（3）在列举要因时，不要在乎其贡献率与影响度的大小，必须毫无遗漏地全部列举出来。

（4）在 PM 分析之后，一定要逆向追溯回去，以检查其整合性（4M 一次要因成立时是由哪些要因引起的，而 4M 二次要因成立时又是由哪些要因引起的）。

（5）不能明确各要因的容许值时要先暂定基准，再依据其结果设定容许值。

三、统计分析法

统计分析法是通过统计某一设备或同类设备的零部件（如活塞、填料等）因某方面问题（如腐蚀、强度等）所发生的故障占该设备或该类设备各种故障的百分比，从而分析设备故障发生的主要原因，为修理和经营决策提供依据的一种故障分析法。

以腐蚀故障为例，在设备故障中，腐蚀故障约占设备故障的一半以上。国外专业机构对腐蚀故障做了具体分析，得出的结论是："随着工业技术的发展，腐蚀形式也发生了变化，不仅仅是因壁厚变薄或表面形成的局部腐蚀，而且还有以裂纹、微裂纹等形式出现的腐蚀。"

四、分步分析法

分步分析法是一种对设备故障的原因由大到小、由粗到细逐步进行分析，最终找出故障频率最高的设备零部件或主要故障的形成原因并采取对策的方法。这种方法对于分析大型设备故障的主要原因很有帮助。

下面是某企业用分步分析法对合成氨厂设备停车原因进行分析的范本，供读者参考。

·····【范本】▶▶▶ ···

××化工有限公司停车分步分析法

第一步：统计停车时间和停车次数

首先对××化工有限公司近四年来停车的时间和次数进行统计，结果如下表所示。

停车时间和停车次数

天数	2018年	2019年	2020年	2021年
平均停车天数（天）	50	45.5	49	50
平均停车次数（次）	9.5	8.5	10.5	11

注：本案例略去原始资料。

第二步：分析停车原因

经过对相关资料的分析，确定该工厂的停车原因，如下表所示。

停车原因

单位：次

事故分类	2018 年	2019 年	2020 年	2021 年
仪表事故	1	2	1.5	1.5
电器事故	1	0.5	1	1
主要设备的事故	5.5	5	6	6
大修	1	0.5	0.5	0.5
其他	5	0.5	1.5	2
总数	13.5	8.5	10.5	11

由上表可知，在每两次停车中就有一次是由主要设备的事故引起的。

第三步：分析停车次数最多的主要设备事故

接下来对停车次数最多的主要设备事故进行分析，分析结果如下表所示。

停车次数最多的主要设备事故占比

单位：%

主要设备名称	2018 年	2019 年	2020 年	2021 年
废热锅炉	21	10	–	8
炉管、上升管和集气管	19	17	19	13
合成气压缩机	13	16	16	25
换热器	10	9	8	11
输气总管	6	–	6	7
对流段盘管	5			
合成塔		8		
管道、阀门和法兰	–		5	11
空压机	–	11	9	–

分析上表可得出以下结论。

（1）合成气压缩机停车次数所占比例较高，在 2021 年的统计中高达 25%。因为离心式合成气压缩机的运行条件苛刻，转速高、压力高、功率大、系统复杂，因振动较大，引起压缩机止推环、叶片、压缩机密封部件及增速机轴承损坏等故障。

（2）炉管、上升管和集气管的泄漏占比较大（13%～19%）。

（3）管道、阀门和法兰的故障占5%～11%，占比也比较高。

通过以上分析基本弄清了发生故障的主要部位，接下来就可以采取不同的对策来处理不同类型的故障。

第四章

TPM自主保全

　　自主保全活动是以作业人员为主，对设备、装置依据标准凭着个人的五感（听、触、嗅、视、味）进行检查，并对作业人员进行有关注油、紧固等保全技术的培训，使其能对微小的故障进行修理。在设备管理的各支柱中，自主保全耗费时间最多、管理实施难度最大，但对现场的帮助最大。开展自主保全活动有利于提高操作者对设备使用的责任感。

第一节 自主保全概述

一、什么是自主保全活动

自主保全活动是以制造部门为中心的生产线员工的重要活动，是指生产一线员工以主人的身份对"我的设备、区域"进行保护、维持和管理，实现生产理想状态的活动。具体地说，自主保全活动是通过对设备基本条件（清扫、注油、紧固）的准备和维护，实现对使用条件的遵守、零部件的更换、劣化的复原与改善活动的执行。

设备部门相当于婴儿的医生，其职责是预防疾病发生和迅速处理问题；而操作人员则相当于婴儿的母亲，可以及时处理婴儿出现的一些小问题，从而预防婴儿生病，如图 4-1 所示。

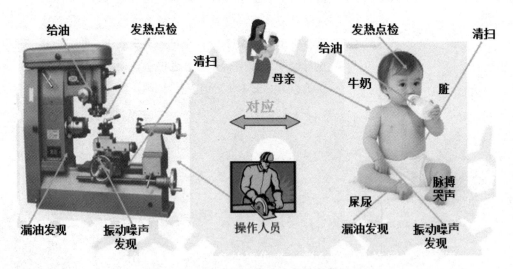

图 4-1 设备部门和操作人员的角色图示

自主保全以培养熟悉设备并能够驾驭设备的操作专家为目标，按照 PDCA 循环，进行操作和设备管理。

自主保全有两层含义：一是自己的设备自己管理；二是成为设备专家级的作业员工，具体说明如图 4-2 所示。

- 遵守设备基本条件的活动：清扫、紧固、注油
- 遵守设备使用条件的活动：日常保全

图 4-2　自主保全的两层含义

二、自主保全的范围

自主保全主要围绕现场设备进行，其范围如表 4-1 所示。

表 4-1　自主保全的范围

范围	含义
整理、整顿、清扫	是5S中的3S，延续了5S活动
基本条件的准备	包括机械的清扫、给油、锁紧重点螺丝等基本条件
目视管理	使判断更容易、使远处式的管理近处化
点检	作业前、作业中、作业后点检
小修理	简单零件的换修、小故障修护与排除

（1）作业前点检：在每次开动设备之前，确认此设备是否具备开机条件，并对所有关键部位进行检查。通过作业前点检，可以大大降低故障的产生。

（2）作业中点检：在机器运行的过程中确认机器的运行状态、参数是否正常，若出现异常应立即排除故障或者停机检修。如果对小问题不重视，往往会变成大问题，进而酿成事故。

（3）作业后点检：在一个生产周期结束后，定期对设备进行停机检查和维护，为下一次开机做好准备。保养得当的机器，寿命往往可以延长几倍。

三、自主管理的三个阶段

自主管理活动可分为以下三个阶段。

（一）堵塞劣化的活动

这一阶段要做的工作有图 4-3 所示的四项。

工作一 ▷ **正确的操作、调整和调节**

> 正确的操作是为了防止人为的失误；正确的调整、调节是为了防止工程不良

工作二 ▷ **基本条件的整备**

> 整备是指将缺失的条件补全。具体而言，包括清扫、锁紧、加油等活动。例如，某生产易拉罐的企业使用的都是进口的大型生产线，不存在技术落后的问题，但车间地板上总会有掉落的易拉罐，在生产线拐弯的地方十分明显，要想解决这个问题，就必须改进滑轨设计或使用负压装置，这些都属于基本条件的整备

工作三 ▷ **对异常的预知和早期发现**

> 有些设备尽管表面上是完好的，但其实存在一些潜在的问题。这就需要管理者对设备有深入的了解，在问题出现的早期甚至问题出现之前发现它，以预防未来的故障与灾害

工作四 ▷ **保全数据的记录**

> 对保全数据的记录要完整，要反馈到 MP 设计中

图 4-3 堵塞劣化的工作事项

（二）测定劣化的活动

测定设备的劣化需要两个数据的支持：一是正常值，即设备应当达到的标准数据；二是监测值，即反映设备现状的数据。如果监测值游离于标准值的范围之外，就说明设备出现了劣化。例如，热电偶用于测量设备内部温度，假设正常值是热电偶与实际温度相差正负一度，如果监测值是正负两度，就说明这个设备产生了劣化。

要想使劣化设备恢复到正常状态，就必须对其进行日常点检和定期点检。当然，测定设备的劣化程度时也需要借助一些仪器。

（三）劣化复原的活动

劣化复原的活动具体包括小修理、故障的复原，以及对突发故障修理的援助。

很多企业为了维护一些大型的精密设备，需要运用多种监测和维护手段，成本颇高。因此，有些企业便将这些设备的维护工作外包给出售设备的企业。然而在实际工作中，出售设备的企业在维修能力和响应时间上不一定符合购买企业的要求，尤其是在响应时间上，这就需要设备管理者在采购设备前了解对方所能提供的售后服务情况。

四、制造部门和保全部门的作用与作业范围

（一）制造部门和保全部门的作用

1.制造部门

（1）设备的日常管理（清扫、点检、加油、再紧固）是制造部门生产活动的出发点。

（2）操作者应掌握设备日常管理技能，努力成为设备管理意识强的操作者。

2.保全部门

（1）从专业的角度出发，进行旨在利用设备确保产品品质的维持管理、故障维修、定期维护、性能测定等活动。

（2）致力于提高可靠性、保全性的改良，以及引进性能优良的设备等业务。为了达到这个目的，企业需要提高必要的保全技术和技能。

（3）迅速应对制造部门提出的关于日常管理的保全技能和知识的教育培训，以及委托作业的援助。

（4）从维持和提高技能水平、实现保全业务效率化的观点出发，由保全部门集

中进行专业的保全业务。

（二）制造部门和保全部门的作业范围

制造部门和保全部门可根据自主保全活动的进展情况、保全技能、设备和工序的特性、整体的作业效率，逐一确定自己的工作范围。两部门的作业范围大体上包括如下内容。

1. 维持设备运转所需的日常管理作业

（1）清扫、点检、加油、加固等基本条件的维护和消耗品更换等。

（2）设备的异常（不良、故障、突然停止等）发现和修复，设备的简单改善。

（3）编制和修订与上述作业相关的标准书，记录设备运转数据等。

2. 必须遵守品质、运转条件等管理标准进行作业

（1）与加工条件相关的：焊条条件、模具成型条件、刀具的切削条件、粘接材料涂抹和喷涂等。

（2）与运转条件相关的：遥控装置教学等。

（3）其他与品质、运转条件相关的工夹具、器具类的维护管理等相关的作业：焊接头研磨和更换、仪表和夹钳的精度维持管理等。

五、自主保全活动中操作人员具备的能力

（一）操作人员应具备的能力

在自主保全活动中，为了充分发挥设备的性能，必须实行"自己的设备自己管理"。因此，操作人员除了应具有通过设备制造产品的能力以外，还必须具备表4-2所示的五种能力，以对设备进行保全。

表4-2　操作人员应具备的五种能力

能力条件	具体内容
发现异常能力	根据设备的振动、声音、热度、磨损等情况，可以发现有可能出现不良或发生故障等异常现象。发现设备异常并不单纯是在设备已产生故障或不良时才发现异常，而是在将要发生故障或不良时能对这些故障或异常一目了然。只有这样，才能称作真正的"异常发现能力"
处理修复能力	在短时间内能够修复所发现的异常，或者联系上级或保全部门进行处理

（续表）

能力条件	具体内容
条件设定能力	在管理设备的基础上，不经过勘测就能按照判定标准，定量地决定重要部分是否正常。这种基准不能单纯地、不明确地表达为"不得有异常的发热"，而应定量确定为"应在 ×× 度以下"
维持管理能力	操作人员必须确实地遵守既定标准,如"清扫、加油标准""自主检查标准"等；同时还应思考为什么未能遵守既定标准，并不断地完善设备、修订检查方法
设备改善能力	了解设备的结构、功能，并能完成设备的改善，延长设备的寿命

（二）具备能力的四个阶段

只有具备了表 4-2 所示的五种能力，操作人员才能操作设备。那么，怎样才能具备这些能力呢？具体如图 4-4 所示。

阶段一 ▷ **能复原或改善自己所发现的问题**

刚接触设备时，通过五官发现问题，并使自己发现的问题恢复至原先的正确状态（复原），不再产生相同的问题，且不断完善

阶段二 ▷ **熟悉设备的功能、结构，发现异常的根本原因**

通过对设备各要素的检查，掌握设备的关键功能，并不断检查以维持其功能，只有这样才能发现异常

阶段三 ▷ **预知质量异常，发现问题根源**

通过每天的检查，充分掌握设备的什么部位劣化到什么程度会影响产品的质量。善于思考产生异常的原因，从理论的角度来分析异常现象

阶段四 ▷ **能修理设备**

明白了异常的原因后，就要使其恢复到原有状态。例如，设备漏油了，就需调换管道和轴承、紧固螺栓等；为了易于清扫、检查，可做一个防飞散盖子。通过这样的改进作业还能掌握对功能部位进行拆卸检查的技术，从而有助于推定故障原因，掌握零部件的使用寿命

图 4-4　具备能力的四个阶段

六、自主保全的推进方法

自主保全的推进方法如表 4-3 所示。

表 4-3　自主保全的推进方法

序号	方法	说明
1	阶梯式推进	这是指为了实现以零损失为目标的设备应有状态，将自主保全活动划分为各个阶段，并要求彻底实施每一个阶段的内容，当达到某种水平以后，再进入下一个阶段的实施方法。对阶段活动来说，以各阶段的基本活动项目或水平为标准，在重新认识和努力研究适合于各车间内容的前提下进行活动为宜
2	实施阶段式诊断	关于每个阶段的活动性项目，以制定的诊断项目为基础，接受是否达到合格水平的诊断，确认合格以后再进入下一个阶段。在阶段认定诊断中，不仅接受是否合格判定，同时还要接受有关做得好的方面和需要改善的方面的评论（加上改善方向），以便给活动带来活力
3	采用干部指导式推进	自主保全是通过干部指导式的自上而下和成员的自下而上相结合的活动。活动小组不应该在自主的名义下为所欲为
4	充分利用活动看板	通过活动看板可以知道活动的现状和今后的课题，也可以知道和其他成员之间的关系，其是促进活动活性化的重要手段
5	活动应直接与工作绩效关联	如果自主保全活动不注重日常业务，就很容易走样。活动的目的必须与工作绩效关联
6	要明确活动对象设备	首先要明确重点设备的评价标准，从质量、成本、交期、安全、士气的角度选取对象设备
7	活用使活动活性化的工具	充分利用活动看板和各种图表
8	实施传承教育	在自主保全活动中，班组长接受培训以后，就应向员工传达培训内容并进行指导。企业应重视这种传承教育
9	举行交流会	为了使小组活动的活性化，要召集全体成员集中交流讨论，为改善好设备出谋划策
10	推行制造自主保全启蒙活动、活性化特别活动	通过自己组织活动或由厂方组织实施活动等，推行活动的活性化。例如，参加研讨会、重点训练活动，厂长巡回指导等

（续表）

序号	方法	说明
11	效率化设定活动时间	没有必要千篇一律地设定活动时间，可根据车间的特性和活动水平的不同，在有限的时间内效率化设定并推进。例如，每天一点一点地少量实施（10分钟点检方式）；每周集中进行（改善及需要时间的清扫、点检）；有效利用待料（等待零件）时间等

第二节　自主保全的实施步骤

自主保全的实施步骤如图4-5所示。

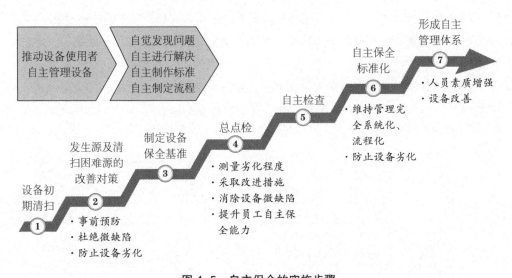

图4-5　自主保全的实施步骤

一、设备初期清扫

自主保全的第一步为设备初期清扫。通过清扫行动，能够发现设备的潜在缺陷并及时加以处理。通过设备清扫，可以激发操作人员对设备产生爱护之心。

111

（一）初期清扫的重点部位

清扫就是要把黏附在设备、模具夹具、材料上的灰尘、垃圾及切屑等清扫干净。通过清扫，可以发现机器的潜在缺陷并加以处理。

1. 及时清除灰尘、垃圾、异物，避免造成设备故障

设备不经过清扫将会带来以下弊端。

（1）设备的活动部位、液压系统、气压系统、电气控制系统等有异物，导致活动不灵活、磨损、堵塞、漏泄、通电不良。

（2）自动机械设备因材料污损或混入异物，致使供料部位污损，导致不能顺利地自动供料，从而形成次品或造成空转、小停顿等。

（3）注塑机的模具等零件附有异物，难以进行准备、调整，导致树脂黏结。

（4）在安装断电器等电气控制部件的时候，工夹具上的垃圾、灰尘黏附在接点上，导致导通不良等致命缺陷。

（5）在电镀时，材料上黏附有污迹或异物，导致电镀不良。

（6）精密机加工时，由于工夹具及其安装部件黏附有切屑粉末，导致定芯不良。

（7）设备如果污损，就难于检查、维修，更难以发现疏松变形、泄漏等细小的缺陷。

（8）设备一旦污损，操作人员在心理上就不会引起检查的欲望，即使修理也十分费时，因为拆开设备时极易混入异物，又会产生新的故障。

初期清扫的要领如图 4-6 所示。

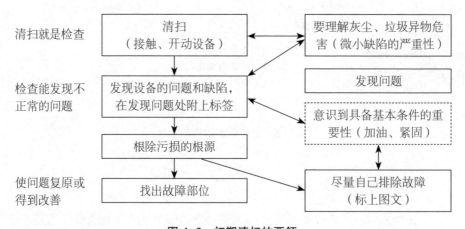

图 4-6　初期清扫的要领

2. 清扫变为检查

用手摸、用眼看就能发现异常，即将清扫变为检查。

发现不了设备问题的清扫是单纯的"扫除"，不能称为清扫。所谓清扫，不仅仅是看上去清洁了，而且还要用手摸，直至设备不存在任何潜在的缺陷、振动、温度、噪声等异常，如图 4-7 所示。

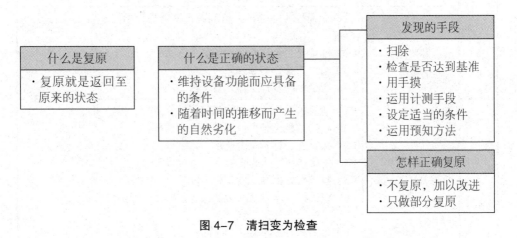

图 4-7　清扫变为检查

对于长期没有使用也未加管理的设备，通过彻底清扫，一定能发现设备及模具夹具的松动、磨损、裂纹、变形、泄漏等微小的缺陷。设备的这些缺陷往往会产生负面影响，从而导致设备发生劣化、故障等，通过清扫就能使设备恢复正常状态，防止故障产生。清扫是防止发生故障、提高设备工作效率的最有效的手段。清扫时的检查项目及内容如表 4-4 所示。

表 4-4　清扫时的检查项目及内容

序号	检查项目	内容
1	设备主体的清扫	（1）检查以下部位是否黏附有灰尘、垃圾、油污、切屑、异物等 ·滑动部位、产品接触部位、定位部位等 ·构架、冲头、输送机、搬送部位、滑槽等 ·尺、夹具、模具等安装设备上的构件 （2）螺栓、螺母是否松动、脱落 （3）滑移部位、模具安装部位是否松动
2	附属设备的清扫	（1）检查以下部位是否黏附有灰尘、垃圾、油污、切屑、异物等 ·汽缸、螺线管 ·微动开关、限位开关、无触点开关、光电管

（续表）

序号	检查项目	内容
2	附属设备的清扫	・电动机、皮带、罩盖外壳等 ・计量仪器、开关、控制箱外壳等 （2）螺栓、螺母等是否松动或脱落 （3）螺线管、电动机是否有杂音
3	润滑状况	（1）润滑器、注油杯、给油设备等处是否黏附有灰尘或垃圾油污等 （2）油量是否合适？滴油量是否合适 （3）给油口是否必须加盖 （4）将给油配管擦干净，看是否漏油
4	机器外围的清扫	（1）工具等是否放在规定部位，是否缺少、损坏 （2）机器主机上是否放置有螺栓、螺母 （3）各铭牌、标牌是否清洁 （4）透明的盖子上是否有灰尘、垃圾等 （5）将各配管擦净，看是否漏油 （6）机器四周是否有灰尘、垃圾，机器上部是否有灰尘落下 （7）产品、零件是否落下 （8）是否放置了不需要的东西 （9）正品、次品、废品是否分开放置

3. 清扫中要检查给油是否充足

给油是防止设备老化、保持其可靠性的基本条件。如果给油不充分，就会导致设备发生故障，从而生产出次品。

由于给油不充分而引发的故障，首先是黏附，其会降低滑移部位及空压系统的动作精准度，加剧损耗，加速老化，产生种种不良。因此，准备、调整阶段的作业对产品会带来很大影响。

4. 清扫中要检查螺栓是否松动

螺栓、螺母等紧固部件一旦松动、折损、脱落，就会直接、间接地引起故障。

・模具夹具的安装螺栓松动而导致破损或不良。

・限位开关、止动挡块的安装螺栓松动，以及配电盘、控制盘、操作盘内的终端松动，会导致动作错误或破损。

・配管接头的凸缘螺栓松动会产生漏油等。

一根螺栓的松动直接引发不良或故障的事例不胜枚举。而且，在大多数情况下，一根螺栓的松动加剧振动，诱发螺栓更大的松动。这样的恶性循环势必降低设备精度，最终导致不良或零件破损。

例如，某企业分析了设备发生故障的原因，发现有 60% 的故障是由于螺栓、螺母松动引起的。而且，大多是由于在准备阶段没有注意模具夹具的紧固，忽视了螺栓适当的紧固扭矩，或不具备这项技能，结果要么紧固过分，要么频繁地单侧紧固，都会导致设备发生故障。

设备操作人员在清扫中要去除松动，采取防振、防松措施，可对主要的螺栓进行标记，清扫时留意看标记是否对准，也可定期用小锤敲击检查，这些极细小的工作都是必不可少的。

（二）初期清扫和小组活动的要点

开展自我保全的全过程是以设备保养为主题，培养出一批真正具有自我管理活动意识和能力的人才。

1. 管理人员应营造小组活动的氛围

企业要形成由全体人员参加的体制，首先就是要制定一个由全体人员参加、朝着一个目标前进的课题，并开始行动。

在初期清扫活动中，如果不调动员工的积极性，只是管理人员自己拼命地干，肯定不会产生很大的效果。这项工作需要充分发挥管理人员的作用，指导小组人员积极地投入，形成小组的工作，其效果就会很理想。

2. 提高操作人员对设备的关心程度

通过清扫，操作人员会对设备产生疑问点，具体如下。

（1）这里如积有灰尘、垃圾，将会产生哪些不良后果？

（2）这些污染的根源在何处，怎样解决？

（3）是否有更方便的清扫方法？

（4）是否有螺栓松动、零件磨损等情况？

（5）这里如发生故障该如何修理？

对于上述疑问和发现，应在小组会议中加以讨论，制订一个解决问题的共同计划，引发自主管理的自觉性。

3. 以回答问题的方式发挥活动效果

要以回答清扫活动中所产生问题的方式来推动活动，并将其结果运用到下一步工作中。

（1）完善基本条件的重要性及其方法，以及清扫的重点部位。

（2）要形成清扫就是检查的观念。

操作人员通过以上学习来提高能力，以进一步发挥活动效果。

4.在污染源处做图文标记

初期清扫的目的在于发现设备的异常点，而并非单纯为了清洁。只有对异常点进行修整，并采取防止污染源飞散的措施，才称得上将设备清扫干净。

对于所发现的异常点，操作人员可自己动手修复，也可以委托维修部门修理。

图文标记的粘贴和撕去示例如表4-5所示。

表4-5　图文标记的粘贴和撕去示例

序号	检查项目	贴标记	撕标记
1	液压的压力	压力过高	恢复至正常压力
2	汽缸的工作状况	过慢、不动	恢复正常
3	设备工作不理想	过滤网堵塞	清扫过滤器
4	孔眼是否堵塞	油已污染	更换清洁油
5	油是否污损	灰尘进入油箱	防止切削粉、切削油飞扬
6	是否有灰尘侵入	油箱上板有孔或缝隙、不松动但漏油	拆开漏渍部位
7	破损的部件	杆有裂纹，切削粉末分散、附在杆上	设法防止切削粉末

二、发生源及清扫困难的改善对策

自主保全的第二步是针对发生源及清扫困难提出改善对策。企业应积极寻找灰尘、污染的根源，尽量防止飞散物，改善难以清扫、加油的部位，缩短加油时间，提高设备的可维修性。实施这些活动，有利于今后 TPM 活动的顺利开展。

（一）活动目标

提高操作人员改善设备的能力，使其更具自信心，从而投入更高水平的改善工作中。

1.断绝发生源

断绝发生源即断绝污垢、泄漏（油、空气、原料）的发生源并加以改善。

设备操作人员要掌握所有发生源，如从油压配管接缝部位的泄漏或加入过多润滑油所产生的油垢，利用调整油量来防止油垢或断绝泄漏等污垢的发生源产生。

如果无法断绝发生源，如切屑粉的产生、切削油的使用、水垢的产生等均无法避免，就将飞散物限制在最小限度内。为此，要尽量在靠近发生源的位置设置局部性的覆盖物来加以改善。

2. 清扫困难部位的对策

清扫困难部位的对策，是指对于不易进行清扫、不易实施点检、点检费时等部位，将其改善至容易进行。

例如，气动三元件太靠近地面，致使排水及加油器的点检困难，所以将其改善至容易点检的位置。此外，将杂乱的配线进行整理等做法，都有助于进行清扫工作。

（二）"发生源、清扫困难部位的对策"的要点

"发生源、清扫困难部位的对策"的要点如图 4-8 所示。

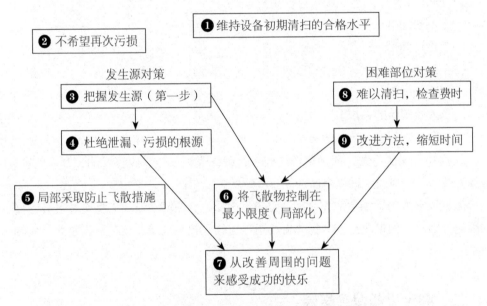

图 4-8 "发生源、清扫困难部位的对策"的要点

（三）自己动手改善困难部位——清扫、加油的部位

困难部位主要是指难以清扫、加油的部位。如果无法杜绝发生源，就必须考虑改善作业的方法，以缩短清扫或加油的时间。操作人员应当善于自己动手，改善这些困难部位。

为了使设备长期处于良好的状态，操作人员必须按时检查设备。

1. 改善的要点

发生源、困难部位对策的改善要点汇总如下：

（1）便于清扫；

（2）将污损范围控制在最小限度；

（3）杜绝污染源；

（4）尽量防止切屑飞散；

（5）缩小切削油的流淌范围。

2. 如何快速给设备加油

采用以下方法可快速给设备加油：

（1）开设检查窗；

（2）防止松动；

（3）不要油盘；

（4）设置油量表；

（5）改变给油方式，给油口改善；

（6）整理配线；

（7）改变配管的布局。

3. 整理改善内容，确认效果

改善并不仅仅是做，还须整理问题点，确认改善部位、改善目的、改善内容、成本和效果，并在实施过程中仔细琢磨、分析。

虽说改善是为了缩短清扫时间，但应考虑质量、故障、准备、保全性等各方面的因素。因此，如果能综合考虑分析小组提出的建议和对策，就能获得意想不到的效果。

三、制定设备保全基准

自主保全的第三步是制定设备保全基准，即操作人员根据第一、第二步活动所获得的体会编写一个临时基准，以保养自己分管的设备，如清扫、加油、紧固等基本要求。

编写基准的前提是确定清扫、加油的允许时间。从技术角度而言，就是能得到管理人员和工作人员的彻底支持与说明，以便于使用。

下面以加油、紧固为例，介绍自我保全的正确方法。

（一）自己决定应遵守的项目

自我保全的最重要作用就在于分别维持清扫、加油。因此，制定设备保全基准就应基于之前活动所取得的经验，明确自己分管设备的"应有状态"，决定维持的行动基准。

1. 应遵守的方法

要在现场彻底做到清扫、加油、整理和整顿，必须具备"干劲、方法、场地"三个要素。常常听到有人说："我已做了多次努力，但就是执行不了。请问有何实施的好方法？"这主要是因为管理人员不考虑未实施的理由，而是一味要求必须做到。正确的做法是，他应要求具体操作人员努力完善以下条件：

（1）明确该遵守的事项和方法；

（2）充分理解必须遵守的理由（为什么要遵守，不遵守将会怎样）；

（3）具备遵守的能力；

（4）具备遵守的环境。

如果不具备"干劲、方法、场地"这三个要素，即使有再好的想法也无济于事。关于自主保全的一切活动，大部分依靠操作人员的能力和士气。因此，管理人员必须让操作人员明白为什么必须这样做。

做得不彻底的最大原因就是决定制度的人并不是具体执行的人，即"我是要别人遵守的人（管理人员），你是执行者（操作人员）"。因此，执行的人若没有完全了解工作的必要性，也就不会彻底做好。

2. 自己决定该遵守的事项

要使该遵守的事项彻底地得以执行，最重要的是应由执行者本人来决定具体事项，这便是自我管理。因此，要使操作人员有效地进行自我管理，首先必须做到以下四点：

（1）使其理解应遵守事项的重要性；

（2）使其具备相应的能力；

（3）使其自己编写基准；

（4）领导审查及确认。

明确上述四点后，应多次召开小组会议，决定基准，这样定出的基准就能实施。

（二）确定清扫、加油的允许时间

1. 明确时间

清扫、加油作业不允许无限制地花费时间。因此，在编写基准时必须先确定清扫、加油所允许的时间。最好由中层管理人员明确一个较为妥当的时间范围。例如，每天开工前和收工后分别为10分钟，周末为30分钟，月底为1个小时。

2. 清扫、加油基准的编写

关于加油基准的编写要充分考虑以下事项。

（1）明确油种，尽量统一油种，减少油种数。

（2）标出加油口，绘制加油部位一览表。

（3）集中加油时应配置加油系统，编写润滑系统图（泵→配管→分配阀→配管→末端）。

（4）检查分配阀是否堵塞，分配量是否有差异，是否能达到终端。

（5）单位时间（一天或一周）的消耗量为多少？

（6）每次的加油量是多少？

（7）加油配管的长度（尤其是润滑脂的配合），配备一套是否足够？是否必须要两套？

（8）废油（润滑脂注入后的废油）的处理方法？

（9）加油标记的设定，在加油部位贴上标记。

（10）设立加油服务点（油的保管、加油器具的保管方法）。

（11）加油困难部位一览表及其对策。

（12）保全部门应分管加油部位（自我保全的范围又该如何安排）。

点检／清扫／加油／紧固基准书样例如下。

案例

点检／清扫／加油／紧固基准书

设备名称		固定资产编号		制作日期		编制		审核		批准	
（设备部件图）						主要部件清单					
						序号	品名	规格	数量		

（续表）

润滑	序号	注油部位	注油基准	油量	油种类	周期	注油方法	注油时间	作业分组		备注
									自主	计划	
点检	序号	点检部位	点检基准	点检方法		周期	处理方法	点检时间	作业分组		备注
									自主	计划	
清扫	序号	清扫部位	清扫基准	使用工具		周期	处理方法	清扫时间	作业分组		备注
									自主	计划	

四、总点检

自主保全的第四步为总点检。第一步至第三步的重点是以基本条件的配备及以防止劣化活动为中心，而第四步至第五步则将活动内容扩大至测定劣化活动，并在做劣化复原的同时，以培养对设备专业、精通且内行的操作人员为目标。以五官的感觉指出不正常状况，进一步了解自己所使用设备的构造、功能，学习有关设备的知识与技能，再将所学原理应用在日常点检中，并善加运用 PDCA 循环，以提升自主保全能力。

总点检应以五个要点为中心来展开，具体顺序如图 4-9 至图 4-13 所示。

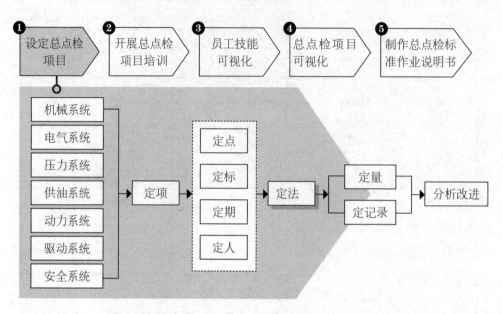

图 4-9　总点检的开展顺序（一）

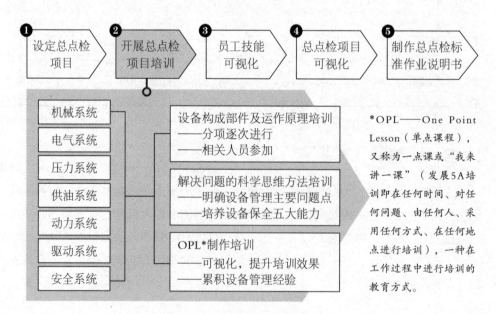

图 4-10　总点检的开展顺序（二）

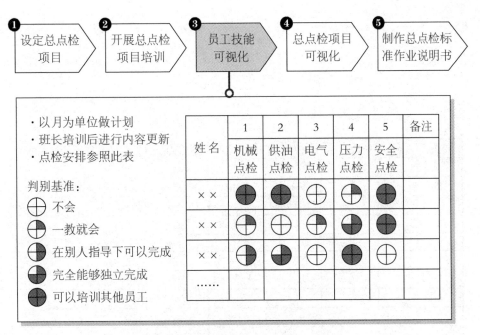

图 4-11　总点检的开展顺序（三）

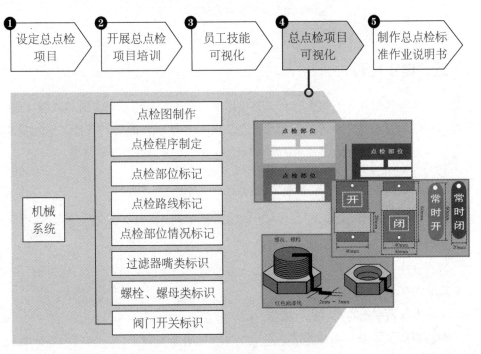

图 4-12　总点检的开展顺序（四）

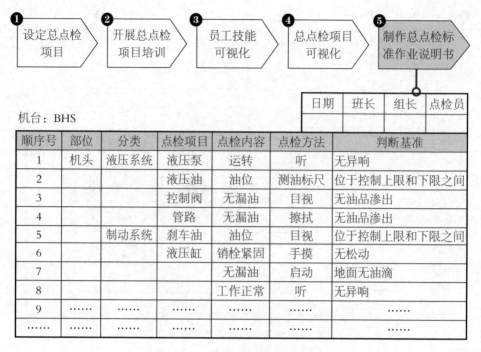

图4-13　总点检的开展顺序（五）

五、自主检查

自主保全的第五步是自主检查。将设备的劣化进行复原后仍需维持改善，进一步提高设备的信赖性、保养性、设备质量，并检查所制作的清扫基准、给油基准、检查基准，以及整理点检的效率化和点检的疏忽，以达到自主保全基准。

（一）清扫基准、点检基准的检查

对于清扫基准、点检基准，操作人员需根据以下四种观点加以检查。

1.以零故障、零不良的观点进行检查

查看以往对故障、不良品以及点检失误所做的防止再发生内容，并检查在自主保全基准中有无遗漏的应点检项目。

2.以点检效率化的观点进行检查

在实施清扫基准、给油基准、总点检基准时有无重复工作？是否可以在清扫、给油时做点检，是否可以将作业与点检项目相组合，能否减少点检项目。

3.以点检作业负荷是否平衡的观点进行检查

点检工作集中于每周一开工时的情形非常多，因此须检查点检周期、点检时间、点检路线等作业负荷是否平衡。

4.以目视管理的观点进行检查

（1）能否立即知道点检项目的部位？

（2）点检是否容易进行？

（3）是否能立即查出异常？

目视管理的具体做法如表4-6所示。

表4-6　目视管理的具体做法

序号	涉及范围	具体做法
1	润滑方面	（1）给油口以色别来标示 （2）油种类标示与周期的标示 （3）油位上限、下限的标示 （4）每单位时间内油的使用量 （5）油罐内的油料类别标示
2	机械要素方面	（1）检查与核对完毕用记号（如√）来标示 （2）保养检查的螺栓以色别标示（记号） （3）螺栓不用部分（未使用）以色别标示（记号） （4）检查路线的标示 （5）机器动作的标示
3	空压方面	（1）设定压力的标示 （2）加油器的滴下量标示 （3）加油器的上限、下限标示 （4）电磁阀的用途标示牌 （5）配管的连接标示（IN，OUT）
4	油压方面	（1）设定压力的标示 （2）油位计标示 （3）油种类的标示 （4）油压泵的温度标示 （5）电磁阀的用途标示牌 （6）安全阀的锁紧螺帽用有颜色的线条来标记
5	传动方面	（1）三角皮带、链条型式的标示 （2）三角皮带、链条回转方式的标示 （3）为进行点检所设置的透明窗口

（二）自主检查的推行要点

自主检查的目的之一是提高自主保全检查基准，以在目标时间内切实实施维持活动。

1. 要符合各设备的保全、运转基准

保全维修部门在自主保全的第四步结束前，必须完成各项基准（检查、安装、拆卸整备的基准），尤其是检查基准的制定。自主检查要对保全和运转基准进行汇总、修正，明确各自的职责，两者合在一起则是十分完整的检查项目。

2. 运转和保全人员商定检查周期

日常检查要深入到由劣化直接影响安全和质量的最低限度的项目中。每天的检查要作为工作的一部分，是为了防止安全、质量问题而采取的最低限度的检查事项。

综合检查科目与日常、定期检查项目之间的关系如图 4-14 所示。

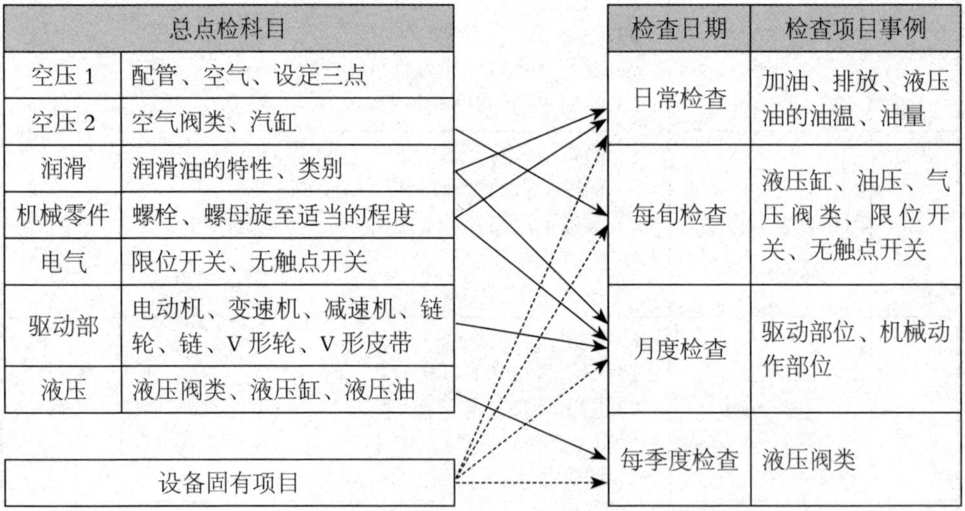

总点检科目		检查日期	检查项目事例
空压 1	配管、空气、设定三点	日常检查	加油、排放、液压油的油温、油量
空压 2	空气阀类、汽缸		
润滑	润滑油的特性、类别	每旬检查	液压缸、油压、气压阀类、限位开关、无触点开关
机械零件	螺栓、螺母旋至适当的程度		
电气	限位开关、无触点开关		
驱动部	电动机、变速机、减速机、链轮、链、V形轮、V形皮带	月度检查	驱动部位、机械动作部位
液压	液压阀类、液压缸、液压油		
设备固有项目		每季度检查	液压阀类

图 4-14　综合检查科目与日常、定期检查项目之间的关系

3. 决定检查所需要的时间

检查所需时间不仅取决于检查项目、检查周期、检查设备和车间的具体情况，还取决于操作人员的工作内容、所管台数，以及是停机检查还是边运转边检查的方式。

在确定本基准时，应在实际的检查工作中对照检查表，确定切实可行的时间表。在实际操作中刚开始可能比较费时，但自主保全设备一段时间后检查时间就会缩短。

4.掌握设备的综合知识

组织各部门分头学习设备的综合知识。操作人员应对自己设备的各部分及该设备固有部分的功能、结构的组合以及工作原理有充分的认识，并且能够正确地进行清扫、加油、检查、操作，这些实际操作是十分重要的。

5.明确设备和质量的关系

要使设备保持良好的运行状态，实现车间内无故障，就必须明确形成产品质量的 4M 条件，即人（Man）、设备和工具（Machine）、材料（Material）、方法（Method），并明确这些精度和质量特性的关系，将其列入检查基准书，这一点很重要。

6.故障、次品的分析

编写完上述基准书，还需编写自主保全检查表，因为即使进行日常检查也常会发生故障和产生次品。此时，就要考虑出现故障的原因，以及自己的工作有无应改进之处，并将反省的内容写入基准书。

自主保全（点检、清扫、给油）基准的示例如表 4-7 所示。

表 4-7　自主保全（点检、清扫、给油）基准

自主保全（点检、清扫、给油）基准			生产线名称	设备名称	有效期限	编写日期	厂长	车间主任	领导
					年月	年月			
（略图或说明）	类别	序号	（点检、清扫、给油）部位	基准	方法、工具（油的类别处理）	周期	实施的时间	负责人	目标时间

自主保全检查表示例如表 4-8 所示。

表 4-8　自主保全检查表

年　　月自主保全检查表					生产线名		设备名称		小组		填写年月日		车间主任	领导
标记					○正常　　×异常　　△修复（检查时）									
周期	实施时间	序号	检查部位项目	判定基准	检查方法	1 2 3 4 5 6 7 8 9 10 11 12 13 14 15 16 17 18 19 20 21 22 … 30 31								编号
特别事项			车间主任确认											

六、自主保全标准化

为了让维持管理更加到位，将操作人员的责任扩大至设备周边的相关作业并进一步降低损失，以达成自主保全的目标，企业必须将自主保全标准化。

标准化的结果是形成自主检查作业指导书、作业标准书、检查基准书、作业日报、确认表等。

……【范本】▶▶▶━━━━━━━━━━━━━━━━━━━━━━━━━━

设备润滑基准书

位置：钢构车间　　　设备名称：液压摆式剪板机　　　型号：　　　　　设备编号：

序号	润滑部位	润滑方式	润滑量	润滑剂型号	周期		备注
					润滑周期	检查周期	
1	左右回程缸上下端各一点	油枪	小	钙基润滑脂（黄油）	2 天（16 小时）	每周	设备润滑工作由设备使用者按本基准书实施
2	后档料滑动螺母左右各一点	涂抹	中（适量）	钙基润滑脂（黄油）	每天（8 小时）	每周	
3	上刀架摆动支点左右各一点	油枪	小	钙基润滑脂（黄油）	3 天（24 小时）	每周	

（续表）

序号	润滑部位	润滑方式	润滑量	润滑剂型号	周期		备注
					润滑周期	检查周期	
4	调隙轴轴套左右各一点	油枪	小	钙基润滑脂（黄油）	每周（48小时）	每周	设备润滑工作由设备使用者按本基准书实施
5	左右油缸活塞杆各一点	油枪	中	钙基润滑脂（黄油）	每天（8小时）	每周	
6	左右油缸垫块各一点	油枪	中	4号石墨锂基脂	每天（8小时）	每周	

制表：　　　　　　　审核：　　　　　　　批准：

七、形成自主管理体系

自主保全的第七步是形成自主管理体系。这一步是汇总第一步至第六步的所有活动，经由设备的改变，改变人的行为，进而改变现场环境，以此让现场人员充满自信，并感受到"改善是无止境的"，从而持续展开挑战，感受参与带动、创造和亲身体会成果的感觉。自主管理体系是将自己的行动由以往的被动转换成主动参与，并以能达成企业方针为目标。

企业可将自主管理体系从两个方面加以深入讨论，具体如图4-15所示。

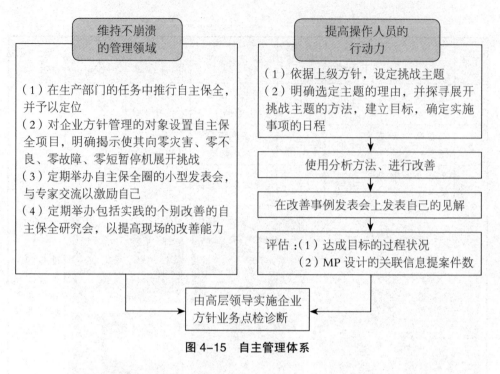

图 4-15　自主管理体系

（一）维持不崩溃的管理领域

研究发现，不少获得过 PM 奖的企业的自主保全体系在 2 ~ 3 年后已崩溃，原因是企业的高层及管理人员出现了问题。一般员工是跟随着管理人员的步伐而采取行动的。也就是说，管理人员所拥有的坚定决心与行动力是持续推动自主管理的关键。

（二）提高操作人员的行动力

操作人员的行动力是指因经常实施实务性训练所形成的行动力，这取决于管理者、监督者的在职培训。也就是说，从领导的方针中选定主题，对其活动加以支持，即可培养操作人员的自主管理能力。

另外，为了让人力资源效能得以完全发挥，推行者必须了解推行工作的原则。推行工作的原则一般如下：

（1）让操作人员参与；

（2）让操作人员了解推行经过及实际效果；

（3）让操作人员获得自己完成的成就感；

（4）让操作人员获得赏识。

第五章

TPM计划保全

设备计划保全管理是通过对设备点检、定检、精度管理，利用收集到的产品质量等信息，对设备状况进行评估和保全，以降低设备故障率和提高产品的良品率。这是提高设备综合效率的管理方法，其目的是使用最少的成本保证设备随时都能发挥应有的功能。

第一节 设备计划保全概述

对设备进行计划保全需要先制订一个计划，这个计划由管理者根据企业的预算和前期的维护记录来制订。设备计划保全活动在整个生产活动中处于中心位置，从生产的投入到产品的产出，它始终渗透在人、设备和原材料中，其重要性不言而喻。

一、计划保全的分类

计划保全一般可以分为定期（定量）保全、预测保全和事后保全三类。这三类保全方式的特点如表5-1所示。

表5-1 计划保全的分类及其特点

分类	防止劣化	劣化测量	劣化恢复	操作人员	保全员
定期（定量）保全	定期点检、给油	定期测定	定期维修		●
预测保全		趋势检查	不定期修复		●
事后保全	发现异常→早期联络		突发处理	○→●	

注：●代表由保全员执行，○代表由操作人员执行。

（一）定期（定量）保全

定期（定量）保全主要是指依据与设备老化最直接的关系（运转时间、产量和动作次数）确定修理周期（理论值、经验值），到修理周期时对设备进行无条件的修理。

（1）依据时间周期（如1次/月、1次/年）确定的修理，称为定期保全。

（2）依据产量和动作次数（如1次/1千辆、1回/5万次）确定的修理，称为定量保全。

（二）预测保全

设备生命周期的故障曲线是一条倒抛物线，如图5-1所示。

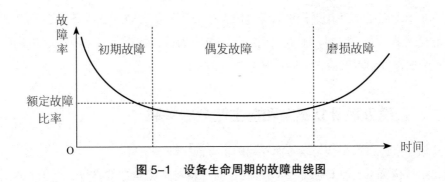

图 5-1　设备生命周期的故障曲线图

预测保全是根据设备生命周期的故障曲线图，使用鱼骨图和帕累托图对设备进行的深层次分析。通过鱼骨图，可以从人、机、料、法、环境等角度分析设备过去发生故障的原因、各类故障所占的比例和造成的损失等；通过帕累托图，可以对故障造成的损失时间进行排序，运用二八法则找到产生故障的主要问题点，并与上一个生产周期的数据进行对比分析，制作月推移图或周推移图，从而发现设备可以提升的使用空间。

1. 初期故障期

在这个阶段，设备虽然很新，但故障频发。这是因为新设备在初期的设计、制作和装配等环节总会有一些不尽如人意的地方。而且，操作人员对新设备还比较生疏，容易产生操作上的失误。在这个阶段进行预测保全可以采取以下对策：

第一，在设备进行试运转时把好每一道关，做好设备的验收工作；

第二，编制设备操作说明书，对工程师和操作人员进行 OJT 培训。

2. 偶发故障期

设备在经过初期故障期后逐渐成熟，进入相对稳定的第二阶段。这个阶段的设备会偶尔发生故障，往往是由操作人员的失误造成的，所以操作人员要严格按照标准作业。

3. 磨损故障期

处于磨损故障期的设备，各部位都开始出现磨损故障。预测保全要求企业一方面应及时更换已经发生或即将发生故障的零部件；另一方面应做好对设备寿命较短的零部件的改良保养，尽量延长其使用寿命。

（三）事后保全

事后保全是指在设备出现故障后的及时维修。设备专业保全管理的重点在于预防而不在于事后维修。在进行事后保全时，一方面，需要现场的设备工程师编制完整的维修记录；另一方面，不能只把这些记录作为备查数据，而是要定期分析所有故障，组织设备管理月会，开展预测保全。

二、正确处理计划保全和自主保全的关联

计划保全和自主保全是设备保养的两个方面，缺一不可。

自主保全强调企业的员工自发、自主地对设备实施全面的管理、维护和保养，计划保全则是企业有计划地对设备进行预防性的管理、维护和保养。因此，两者的实施主体不同，具体如图 5-2 所示。

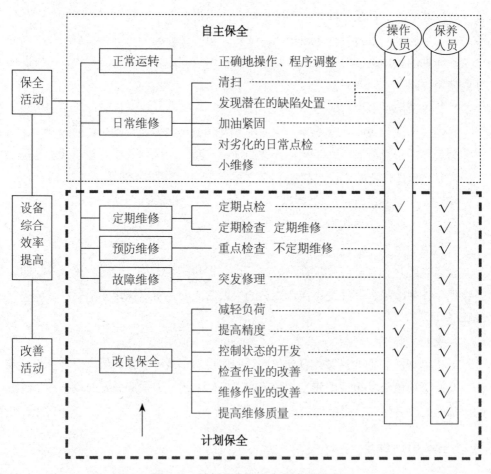

图 5-2　计划保全和自主保全的关联

三、计划保全的适用范围

根据主要生产设备发生故障或停机修理时对生产、质量、成本、安全、交货期等方面的影响程度与造成损失的大小，企业通常将设备划分为 A、B、C 三级。

（1）A 级为重点设备，是重点管理和维修的对象，应严格执行预防维修。

（2）B 级为主要设备，应实施预防维修。

（3）C 级为一般设备，可以实行事后维修。

由于人力、物力、费用有限，并非所有设备都需要计划保全，企业应依据设备的重要程度决定是否需要计划保全。计划保全的适用范围如表 5-2 所示。

表 5-2　计划保全的适用范围

保全方法	A 级设备	B 级设备	C 级设备
预测保全	●		
定期保全	●	●	
事后保全			●
预备品	全部易损件	重要机能部件	依据过去的故障记录选择

注："●"表示有此项设备。

四、计划保全的设备分级

一般来说，企业为了将有限的维修资源集中使用在对生产经营及提高经济效益起重要作用的设备上，会根据设备的重要程度分别采用不同的管理对策与措施，这就是设备分类管理法。设备分类管理法有重点设备管理法和效果系数法两种，这里着重介绍重点设备管理法。

（一）划分重点设备的依据

企业应根据实际情况划分重点设备，具体划分依据如表 5-3 所示。

表 5-3 划分重点设备的依据

序号	依据	说明
1	生产方面	关键工序的单一关键设备，负荷高的生产专用设备，出故障影响生产面大的设备，故障频繁、经常影响生产的设备，负荷高并对均衡生产影响大的设备
2	质量方面	质量关键工序无代用的设备，精加工关键设备，影响工序能力指数CP值的设备
3	维修性方面	修理复杂系数高的设备，备件供应困难的设备，易出故障且出故障后不好修理的设备
4	成本方面	台时价值高的设备，消耗动能大的设备，修理停机对产量、产值影响大的设备
5	安全方面	出现故障或损坏后严重影响人身安全的设备，对环境保护和作业有严重影响的设备

（二）划分重点设备的方法

划分重点设备的方法通常有经验判定法和分项评分法两种。

1. 经验判定法

运用经验判定法划分重点设备时，应由设备管理和设备维修部门根据日常维修积累的经验，初步选出一些发生故障后对均衡生产、产品质量和安全环保等影响大的设备，包括行业主管部门规定的多数"精、大、稀、关"设备，经征询生产车间、工艺部门的意见后制定出重点设备清单，报分管设备的厂长（或总工程师）审定。在实施重点设备的管理工作时，企业可根据实际需要调整与补充。

2. 分项评分法

运用分项评分法划分重点设备时，企业可按照划分依据的五个方面，拟订影响内容、分值与评分标准，对每台主要生产设备进行评分，从中选出10%左右高分值的设备作为重点设备，即A级设备，并集中力量加强对此类设备的管理，以取得较好的经济效益。B级设备、C级设备所占比例也应按企业的具体情况来定。具体评分方法和评分标准如表5-4所示。

表 5-4　设备分类的评分标准

项目	影响内容	评分值	评分标准
生产方面	1. 开动情况	10	三班制以上（有时有三班等）
		8	两班制
		6	一班制，但经常加班
		3	不足一班
	2. 发生故障后有无替代设备	10	车间内有代用设备
		8	车间内有临时迂回工艺，无代用设备
		6	车间内有代用设备，但效率低
		3	车间内无代用或迂回工艺
	3. 发生故障对完成生产任务的影响	10	只影响本机台生产任务完成
		8	会影响全车间生产任务完成
		6	会影响班组生产任务完成
		3	会影响全分厂生产任务完成
质量方面	4. 机床精度对产品质量的影响	10	对产品质量有决定性影响（产品不可修复）
		8	质量关键工序
		6	对产品质量有影响（产品可返修）
		3	对产品质量有一定影响
	5. 质量的稳定性	10	产品质量稳定
		8	需每半年调整一次精度
		6	需每季度调整一次精度
		3	需经常调修精度
维修性方面	6. 故障率影响	10	平均每月发生故障在 1 次以下，或故障停机 4 台时以内
		8	平均每月发生故障在 1～2 次，或故障停机 4～6 台时
		6	平均每月发生故障在 2～3 次，或故障停机 6～8 台时
		3	平均每月发生故障在 3 次以上，或故障停机 8 台时以上

（续表）

项目	影响内容	评分值	评分标准
维修性方面	7.设备修理复杂程度	10	易修理，修理费用低
		8	修理困难，停歇时间长，修理费用高
		6	维修难度、停歇时间、修理费用一般
		3	修理很难，停歇时间很长，修理费用特别高
	8.备件情况	10	备件供应正常
		8	备件储备不足，订货期长（一般指一年以上）
		6	自制或外购周期长（一般指一年以上）
		3	备件供应困难，市场难以购买
成本方面	9.购置价格	10	30万元以上
		8	10万～30万元
		6	5万～10万元
		3	5万元以下
安全方面	10.设备对作业人员安全及环境污染影响的程度	10	稍有影响
		8	有一定影响
		6	有较大影响
		3	有严重影响

　　重点设备确定（或设备分类划分）后不是长期不变的，它会随着企业生产对象和产品计划的划分、产品工艺的改变而改变，企业应定期进行研究与调整。

五、设置专门的保全部门

　　企业应设置专门的设备保全部门，以确立设备管理技术，提升设备管理水平。
　　设备保全部门的设置，必须独立于制造部门。设备保全部门的工作重点是累积维护的经验和技术，建立有效率的体制。因企业不同，设备保全部门的名称也不同，常见的名称有设备部、维修部、保养部等。一般来说，设备密集型企业和加工、组装行业等往往会设置设备保全部门。其工作内容不局限于设备维护工作，还有设备投资计划、设备基本设计、建厂工作的现场监工等。

六、设备计划保全推进流程

计划保全体系是在传统的设备维修保全方法和不断完善经验的基础上形成的一套设备保全体系。企业设备计划保全的推进流程可以归纳为以下六大步骤。

（一）成立推进小组并对设备进行评价与现状把握

（1）成立以生产副总为组长、以设备管理部门为核心的推进小组，同时吸收生产现场的设备人员、管理人员为小组成员。

（2）制作设备故障记录台账与维修台账，收集基础数据，用以建立改善依据。

（3）制定设备评价基准，并根据设备的重要程度与故障修复时间的长短，选定重点设备与重点部位（可根据帕累托法则，即二八法则确定）。

下面是某企业设备评价基准表，供读者参考。

·····【范本1】▶▶·····································

设备评价基准表

设备名			设置模式			评价结果：	
设备编号			设置日期				
评价日期			评价者			确认人	
评价区分	区分	评价项目	评分			评价基准	
生产	生产面	稼动率	5	3	1	90%以上（5分）；70%～80%（3分）；未满70%（1分）	
		使用熟练度	5	3	1	操作方法简单，不需要学习作业人员就可以使用（5分） 作业人员需要学习3个小时左右才能单独使用（3分） 作业人员需要学习8个小时以上才能单独使用（1分）	

（续表）

评价区分	区分	评价项目	评分			评价基准
生产	保全面	故障发生频率	5	3	1	每月少于1次（5分）；每月2~5次（3分）；每月5次以上（1分）
		故障修理时间	5	3	1	少于1小时（5分）；1~8小时（3分）；8小时以上（1分）
		保全内容	5	3	1	简单的故障作业人员就可以维修（5分）非专业人士难以开展维修（3分）要求掌握专业的知识（需要的理想时间是1个月）（1分）
	纳期面	故障对其他工程造成影响	5	3	1	没有影响（5分）；对后面流程有影响（3分）；生产线停止（1分）
		设备入手时间	5	3	1	少于1个月（5分）；1~6个月（3分）；6个月以上（1分）
		出故障时有没有备件	5	3	1	确保有备件（5分）有备件，但价格很高（3分）备件未确保（1分）
品质（Q）		质量对其他工程带来的影响	5	3	1	没有影响（5分）；对后面流程有影响（3分）有相当的影响（有质量问题必须废弃）（1分）
原价（C）		保全费用	5	3	1	少于50万元（5分）；50万~100万元（3分）；100万元以上（1分）
安全（S）		故障对人体的危险性	5	3	1	一点也没有（5分）；有若干的危险性（3分）；发生时有很大危险（1分）
等级基准		小计				A等级：40分以上B等级：30~39分C等级：小于等于29分
		综合分数	点			
		等极	等级			

（4）统计资料。统计故障次数、故障维修时间，计算当前平均故障间隔时间（Mean Time Between Failure，MTBF）、平均故障修复时间（Mean Time to Repair，MTTR）等。例如，目前的MTBF为75.9分钟，MTTR为39分钟。

（5）设定目标。例如，设定MTBF为240分钟，设定MTTR为25分钟。

（二）对重点设备、重点部位进行劣化复原和弱点改善

（1）根据统计资料，推进小组对重点设备、重点部位的劣化原因进行分析。

（2）制定改进的方案，并根据方案制作或购买相应的备品备件，为下一步工作做好准备。

（3）根据方案对设备进行集中维修，复原劣化部位（目标为恢复设备出厂状态），并且追根溯源，对造成设备劣化的发生源进行强制排除（可采用自主保全方法）。

（4）对以上改善的弱点或难点进行持续改善。

（5）改善后进行每日跟踪，防止重大或类似事故的发生。

（6）根据以上过程重新统计资料，对其他重点设备、重点部位进行改善。

（三）构筑信息管理体制

（1）建立整体设备故障数据管理系统（设备故障记录、设备维修记录、设备的MTBF 和 MTTR 等）。

（2）构筑设备保全管理系统（设备履历管理、设备维修计划和检查计划等）。

（3）构筑设备预算管理系统（备品备件管理、国产化管理、新材料管理和信赖性管理等）。

（4）图纸、数据管理等。

（四）构筑定期保全体制

（1）定期（每两周或每月）进行保全活动（备用设备使用、备品更换、测定用具检测、润滑、图纸和技术数据检验等）。

（2）制定定期保全活动体系程序与管理制度。

（3）确定定期保全对象设备、重点部位和保全计划。

（4）制定各种基准（检查基准、验收基准等）。

（5）提高定期保全的效率，确保相关人员能够做到快速判断与修理。

（五）构筑预知保全体制

（1）培养专业技术人员对设备故障的提前预知能力。

（2）制定预知保全活动体系程序与管理制度。

（3）选定并扩大预知保全对象设备和重点部位。

（4）开发设备诊断的技术（有能力一定要实施）。

（六）构筑计划保全体制

（1）建立计划保全制度。

（2）提高信赖性评价：故障、瞬间停止件数、MTBF等。

（3）提高保全性评价：定期保全率、预知保全率、MTTR等。

（4）降低成本评价：节俭保全费、保全费区分使用的改善。

以上即为推进计划保全的六大步骤，它的主线为基础调查→目标设定→重点分析改善→信息建立→定期监督→提前预防，最终实现计划保全习惯化、日常化机制的建立。

第二节　设备保全计划

制订设备保全计划的依据是企业下一个生产周期的整体经营目标。

例如，某企业去年生产A、B、C、D四种产品，全年营业额是1亿元，今年要生产B、C、D、E四种产品，计划营业额要达到1.5亿元。这个量化目标对于设备管理者的意义在于：第一，可以依据它分析现有设备的产能是否能实现增长目标，如果不能，需要增加多少设备；第二，设备在下一年度可能出现哪些故障，需要相应更换哪些零配件等。

一、保全计划的类型

经过量化分析，管理者便能确定保全预算和修理基准，填写保全计划的内容。企业可以将保全计划进一步细化，具体分为年度保全计划、月度保全计划、周保全计划、日保全计划等，以提高计划的可行性，具体如图5-3所示。

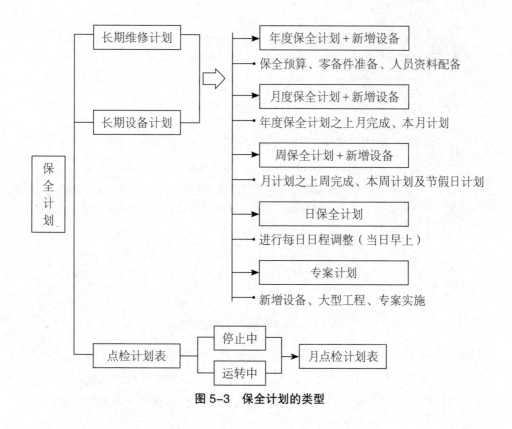

图 5-3　保全计划的类型

二、编制保全计划

一般由企业设备管理部门负责编制企业年度、季度及月度的设备保全计划，经生产部门、财务部门和使用单位会审、主管领导审批后，由企业下发相关部门执行，并与生产计划同时考核。编制设备保全计划时，一般按收集资料、编制草案、平衡审定和下达执行四个阶段进行。

（一）收集资料

编制保全计划前，设备管理部门应做好数据的收集和分析工作。所收集的资料主要包括设备技术状况方面的数据，以及其他编制计划需要使用和了解的数据。

（二）编制草案

在编制保全计划时，设备管理部门应认真考虑以下内容，如图 5-4 所示。

1. 充分考虑生产对设备的要求，力求减少重点、关键设备的使用与修理时间的矛盾

2. 重点考虑将大修、项修设备列入计划的必要性和可能性，如在技术上、物资上有困难，应分析研究并制定补救措施

3. 设备的小修计划基本可按使用单位的意见安排，但应考虑备件供应的可能性

4. 根据本企业的设备修理体制（企业设备修理机构的设置与分工）、装备条件和维修能力，初步确定由本企业维修的设备，以及委托外企业维修的设备

5. 在安排设备计划保全维修计划进度时，既要考虑维修需要的轻重缓急，又要考虑维修准备工作的时间，并按维修工作定额平衡维修单位的劳动力

图 5-4　编制草案应考虑的内容

在正式提出设备保全维修计划之前，设备管理部门应组织部门内负责设备技术状况管理、维修技术管理、备件管理的人员，以及设备使用单位的机械动力师等相关人员对维修计划进行逐项讨论，认真听取各方面的有益意见，力求使计划草案满足必要性、可行性和合理性的要求。

（三）平衡审定

计划草案编制完毕，设备管理部门应将草案分发给各使用单位和生产管理、工艺技术及财务部门审查，收集各部门对相关项目增减、轻重缓急、停歇时间长短、维修日期等问题的修改意见。

经过对各方面意见分析和做出必要修改后，设备管理部门正式编制保全计划及其说明，并在说明中明确保全计划的重点、影响保全计划实施的主要问题和解决的措施。保全计划经生产管理部门和财务部门会签，送总机械动力师审定后，报主管厂长审批。

（四）下达执行

企业生产计划部门和设备管理部门共同下达设备保全计划，并将其作为企业生产经营计划的组成部分进行考核。

三、年度大修、项修计划的执行和修订

设备年度大修、项修计划是经过充分的调查研究，从技术上和经济上综合分析了必要性、可能性和合理性后制订的，企业必须认真执行。

下面是某企业设备年度大修计划和项修计划范本，供读者参考。

┄┄【范本 2】▶▶▶ ┄┄┄┄┄┄┄┄┄┄┄┄┄┄┄┄┄┄┄┄┄┄┄┄┄┄┄┄┄┄┄┄┄

×× 年度设备大修计划

序号	设备编号	设备名称	型号规格	所在部门	大修内容	所需主要材料规格与数量	预计费用	计划实施时间	备注
1		行车滑触线	1号镀锌线货仓	更换		50×50角钢410米	11 000元	2月	
2		行车滑触线	2号镀锌线货仓	更换		50×50角钢270米	7 500元	6月	酸洗池处不换
3		行车滑触线	3号镀锌线货仓	更换		50×50角钢170米	4 700元	10月	
4		塔吊		厂区西南角	操作室外壳更换，紧固更换塔身螺栓，防腐等	操作室外壳一个，M36×360高强度螺栓螺母30套	9 000元	2月	外协
5		螺杆压缩机		铁塔角钢车间	更换主控器、控制面板、机油过滤器、空气滤芯器	主控器、控制面板、机油过滤器、空气滤芯器	6 500元	4月	外协
6		龙门吊	2号线成品货仓	防腐、钢结构加固		防锈漆12千克装4桶	5 000元	3月	外协
7		交流发电机组	1 600千伏配电房	发电机定、转子及联轴器		联轴器1只，弹性圈8只	7 000元	11月	发电机外协
8		龙门吊轨道	1号线成品货仓	调整紧固			30 000元	8月	外协

（续表）

序号	设备编号	设备名称	型号规格	所在部门	大修内容	所需主要材料规格与数量	预计费用	计划实施时间	备注
9		双盘摩擦压力机		铁塔角钢车间	导轨外修更换丝杠内螺母	丝杠内螺母1只	500元	7月	
10		全自动角钢生产线		铁塔角钢车间	更换所有液压密封件，酌情更换活塞杆导套	高低压油泵1台 液压油300千克	15 000元	5月	

·····【范本3】▶▶ ······························

<h1 align="center">××年设备项修计划</h1>

序号	修理项目	预计费用（元）	计划完成时间	实际完成时间	项目负责人
1	MA线A5腐蚀箱检修	10 000	1月		
2	除锈槽制作更换安装	15 000	5月		
3	MB线氯气蒸发器清理	10 000	1月		
4	MB线干燥炉调偏装置改造	30 000	4月		
5	空调系统保养修理	10 000	5月		
6	三废设备修理	15 000	1月		
7	氯气处理系统修理	5 000	10月		
8	温控系统改造	25 000	7月		
9	硫酸槽更换	5 000	7月		
10	酸排风系统修理	4 500	7月		

　　企业在执行设备年度大修、项修时必须提交申请表，如表5-5所示。但在执行中由于某些难以克服的问题，企业必须对原定大修、项修计划进行修改的，应按规定程序进行修改。符合下列情况之一的，可申请增减大修、项修计划。

表 5-5　设备大修、项修申请表

资产编号		设备名称		型号规格	
制造厂		出厂编号		出厂日期	
已大修次数		上次修理日期		启用日期	
安装地点		要求修理日期		复杂系数	
目前使用情况及存在问题	使用部门负责人：　　　　　　　　　　　　　　___年__月__日				
生产部门	负责人：　　　　　　　　　　　　　　　　　　___年__月__日				
设备部门	负责人：　　　　　　　　　　　　　　　　　　___年__月__日				
备注					

（1）设备出现事故或严重故障，必须申请安排大修或项修才能恢复其功能和精度。

（2）设备技术状况劣化速度加快，必须申请安排大修或项修才能保证生产工艺要求。

（3）根据修前预检，设备的缺损状况经过小修即可解决，而原定计划为大修、项修者应削减。

（4）通过采取措施，如设备的维修技术和备件材料的准备仍不能满足维修需要，设备必须延期到下年度进行大修、项修。

第三节　设备点检——预防性维护与状态监测保全管理

一、什么是设备点检

设备点检是借助人的感官和检测工具，按照预先制定的技术标准，定点、定标准、定人、定周期、定量、定计划、定记录、定作业流程地对设备进行检查的一种设备管理方法。它通过对设备的全面检查和分析来达到对设备进行量化评价的目的。设备点检运用运行岗位的日常点检、点检员及其他专业人员的定期点检、精密点检、技术诊断和劣化倾向管理、综合性能测试等技术和手段，形成保证设备健康运转的五层防护体系，体现对设备全员管理的原则。

点检是按照一整套标准化、科学化的流程进行的，它是动态的管理，具有"八定"的特点。"八定"的具体内容如图5-5所示。

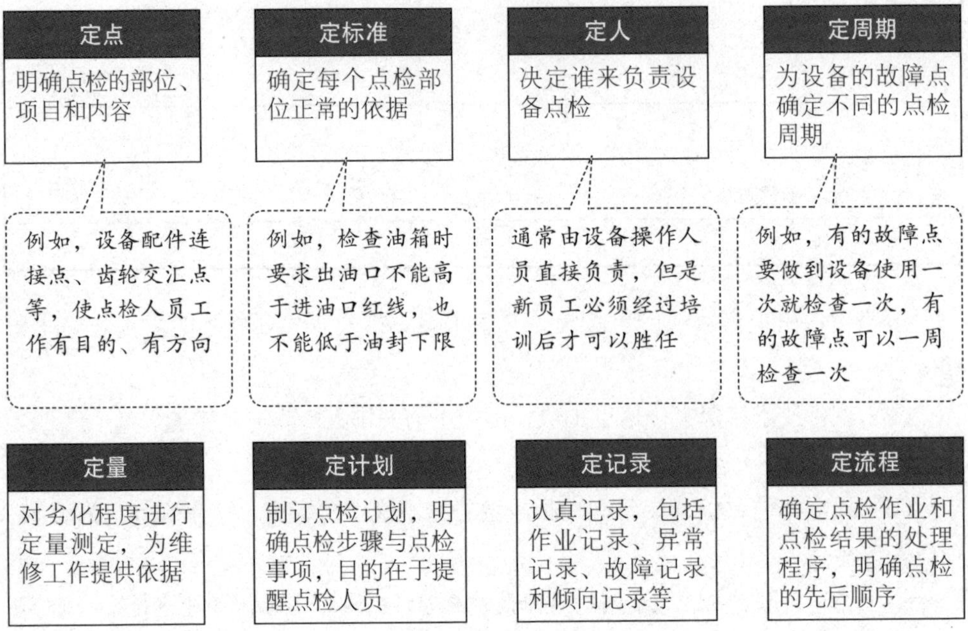

图5-5 点检"八定"的内容

二、设备点检的分类

（一）日常点检

日常点检是最基本的检查。通常在设备运转中或运转前后，点检人员靠五感（视、听、嗅、味、触）对设备进行短时间的外观点检，及时发现各种异常状况，如振动、异音、发热、松动、损伤、腐蚀、异味、泄漏等，以防止或避免设备在不正常状态下工作，点检周期一般不超过一周。

（二）定期点检

定期点检是在设备未发生故障之前进行的点检，以尽早发现异常，将损失减少到最低限度的一种手段。除了依靠人体器官感觉以外，定期点检还可使用简易的测量仪器，有时还要进行停机解体检查。

按照周期的不同，定期点检可分为短周期点检和长周期点检两大类。

1. 短周期点检

为了预测设备的工作情况，点检人员靠五感、简单工具或仪器对设备重点部位仔细地进行静（或动）态的外观点检，点检周期一般为 1 ~ 4 周。短周期点检还包括重合点检项目。所谓重合点检是指专职点检人员对日常点检中的重点项目重合进行详细外观点检，用比较的方法确定设备内部的工作情况，点检周期一般不超过一个月。

2. 长周期点检

长周期点检是为了了解设备磨损情况和劣化倾向而对设备进行的详细检查，检查周期一般在一个月以上。长周期点检主要包括两个方面，具体说明如图 5-6 所示。

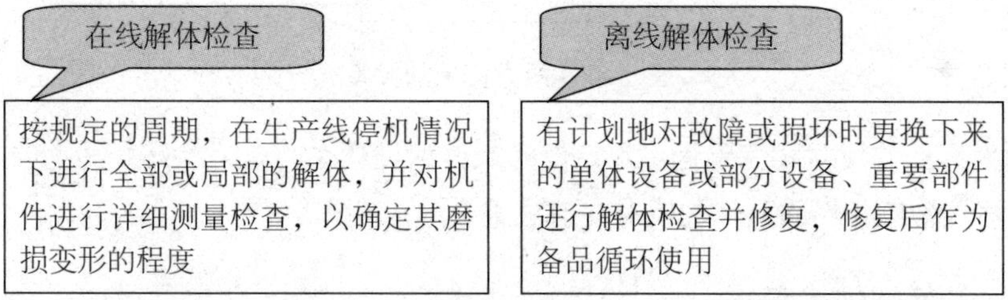

在线解体检查	离线解体检查
按规定的周期，在生产线停机情况下进行全部或局部的解体，并对机件进行详细测量检查，以确定其磨损变形的程度	有计划地对故障或损坏时更换下来的单体设备或部分设备、重要部件进行解体检查并修复，修复后作为备品循环使用

图 5-6　长周期点检的两个方面

（三）精密点检

精密点检是指用精密仪器、仪表对设备进行综合性测试调查，或在不解体的情况下运用诊断技术，即用特殊仪器、工具或特殊方法测定振动、应力、温升、电流、电压等物理量，通过对测得的数据进行分析比较，确定设备的技术状况和劣化倾向程度，以判断修理和调整的必要性。精密点检的周期根据有关规定和要求而定。

三、设备点检管理标准

设备点检管理标准由维修技术标准、给油脂标准、点检标准、维修作业标准四项标准组成，简称"四大标准"，其关系如图5-7所示。

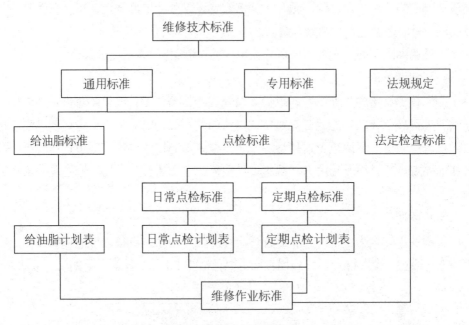

图5-7 四大标准的关系

四大标准的建立和完善是点检定修的制度保证体系，是点检定修活动的科学依据，它将点检工作沿着科学的轨道向前推进。

（一）维修技术标准

维修技术标准是四大标准中最重要的部分，是点检标准、给油脂标准和维修作业标准的基础。对一台设备进行维修管理前，要先制定维修技术标准，如果该设备是列入点检管理的对象设备，则再根据维修技术标准来编制点检标准、给油脂标准和维修作业标准。

维修技术标准主要记录着：设备、装置名称、部位简图、零件名称、材质、维修标准（包括图纸尺寸、图纸间隙、劣化极限许容量）、点检方法、点检周期、更换或修理周期和检修方面的特别事项等。

1. 维修技术标准的内容

（1）对象设备、装置的更换零件（即有磨损、变形、腐蚀等减损量的工作机件）的性能构造、简明示意图、应用的材质等明确标准。

（2）更换零件的维修特性，包括机件减损量的劣化倾向、特殊的变化状态及点检的方法和周期等。

（3）主要更换件的维修管理值设定，包括允许装配间隙、减损的允许量范围，以及测定的项目内容、周期、使用的合格标准等。

（4）其他对该零件所限制的项目内容，如温度、压力、流量、电压、电流、振动等。

2. 维修技术标准的分类

根据设备专业和使用条件的不同，维修技术标准分为通用性的维修技术标准和专用性的维修技术标准两大类。

3. 维修技术标准的编制

所编制的维修技术标准包括编制依据、编制分工和审批程序，以及典型案例等内容。某企业规定 A 类、B 类设备由专业点检人员编制，经装备部审核、设备副总经理批准；C 类设备由专业点检人员编制，由负责生产设备的厂长审核，经装备部批准。

4. 维修技术标准的制定依据

维修技术标准中，最关键的是维修技术管理值的确定和制定的依据。

（1）制造厂家提供的设备使用说明书。它体现了设计者的设计思想。

（2）参考国内外同类设备或使用性质相类似设备的维修技术管理值。它体现了设备管理人员的经验和水平。维修技术标准通常是由各生产厂点检作业区选派有经验的技术管理人员起草编制。一般先设定保证安全运行的数据，经过一段时间（通常是 3 ～ 5 年）的生产实践，不断积累经验，根据生产量、设备运行状况及维修状况、备品备件质量与使用实际情况，对维修技术管理值进行相应的修订，以趋向完善合理，便于进行科学管理。总而言之，即用最少的维修费用，获得最佳的经济效果。

（二）给油脂标准

给油脂标准中规定了润滑作业的基本事项，包括了"润滑五定"（定点、定质、定量、定时、定人）的全部内容。

　　给油脂标准是设备润滑工作的依据。给油脂标准的主要内容包括给油脂部位、给油脂方式、油脂品种牌号、给油脂点数、给油脂量与周期、油脂更换量及周期和给油脂作业的分工。

　　下面两个范本是某企业给油脂标准，供读者参考。

·····【范本4】▶▶▶ ···

<h1 style="text-align:center">1号锅炉一次风机设备润滑作业书</h1>

一次风机

序号	润滑部门	润滑方式	润滑油脂规格	润滑周期（天）	润滑油量	责任人			
1	非输出端	脂润滑	二硫化钼3号锂基脂	180	100克	王××	绘图		
2	输出端	脂润滑	二硫化钼3号锂基脂	180	100克	王××	审核		
3	轴承箱	油润滑	抗氧防锈汽轮机油L-TSA32	360	300毫升	刘××			
4	轴承座	油润滑	全损耗系统用油L-AN46	180	100毫升	刘××	批准		

···

【范本5】

1号、2号、3号定位车润滑技术标准

序号	润滑部位	润滑点数	润滑方式	润滑油种类	单点用油量	润滑条件	润滑周期
1	主臂俯仰销轴	2	集中润滑	壳牌RL2润滑脂	30毫升	非停机	7天润滑
2	俯仰油缸下销轴	1	集中润滑	壳牌RL2润滑脂	30毫升	非停机	7天润滑
3	俯仰连杆下铰点	2	集中润滑	壳牌RL2润滑脂	30毫升	非停机	7天润滑
4	俯仰连杆上铰点	2	集中润滑	壳牌RL2润滑脂	30毫升	非停机	7天润滑
5	配重铰点	2	集中润滑	壳牌RL2润滑脂	30毫升	非停机	7天润滑
6	水平导向轮轴承	4	集中润滑	壳牌RL2润滑脂	30毫升	非停机	7天润滑
7	行走轮轴承	4	集中润滑	壳牌RL2润滑脂	30毫升	非停机	7天润滑
8	钩头	2	集中润滑	壳牌RL2润滑脂	30毫升	非停机	7天润滑
9	尾端行走轮铰点	4	集中润滑	壳牌RL2润滑脂	30毫升	非停机	7天润滑
10	行走减速机输入轴轴承	6	单点润滑	壳牌RL2润滑脂	2 000毫升	停机	60天润滑
11	行走减速机输出轴轴承	6	单点润滑	壳牌RL2润滑脂	2 000毫升	停机	60天润滑
12	行走驱动电机轴承	12	单点润滑	壳牌RL2润滑脂	150克	停机	90天润滑
13	行走齿轮、齿条	1	涂抹	壳牌RL2润滑脂	适量	停机	7天润滑
14	行走极限液压缓冲器	8	注油	壳牌46号抗磨液压油	2升	停机	180天润滑
15	液压站油箱	1	注油	壳牌46号抗磨液压油	630升	停机	360天润滑
16	行走行星减速机	6	注油	ShellVG220	58升	停机	360天润滑

（三）点检标准

点检标准的主要内容包括点检部位与项目、点检内容、点检方法、点检状态、点检判定基准、点检周期、点检分工，具体说明如表5-6所示。

表 5-6　点检标准的主要内容

序号	内容	说明
1	点检部位与项目	设备可能发生故障和劣化并需点检管理的地方，其大分类为"部位"，小分类为"专案"
2	点检内容	主要包括以下要素 （1）机械设备的点检要素：压力、温度、流量、泄漏、异音、振动、给油脂状况、磨损或腐蚀、裂纹或折损、变形或松弛 （2）电气设备的点检要素：温度、湿度、灰尘、绝缘、异音、异味、氧化、连接松动、电流、电压
3	点检方法	（1）用视、听、触、味、嗅觉为基本方法的"五感点检法" （2）借助简单仪器、工具进行测量 （3）用专用仪器进行精密点检测量
4	点检状态	（1）静态点检（设备停止时） （2）动态点检（设备运转时）
5	点检判定基准	（1）定性基准 （2）定量基准
6	点检周期	依据设备作业率、使用条件、工作环境、润滑状况、对生产影响的程度、其他同类厂的使用实绩和设备制造厂家的推荐值等先初设一个点检周期值，以后随着生产情况的改变和实绩经验的积累逐步进行修正，以使其逐渐趋向合理 日常点检标准用于短周期的生产操作、运行值班日常点（巡）检作业 定期点检标准用于长周期的专业点检人员编制周期管理表的依据与定期点检作业
7	点检分工	点检工作的责任人员

下面是某企业的设备点检标准，供读者参考。

····【范本 6】▶▶▶···

设备点检标准

设备 （装置） 名称	照明设备	点检 周期 标记	D——天 W——周 M——月 Y——年	点检 状态 标记	○——运行中点检 △——停止中点检

（续表）

点检部位、项目	点检内容	标准	点检周期	点检方法	点检状态及分工			容易劣化部位	备注
					运行人数	点检人数	生产技术人员		
照明设备	开关	无缺损、无异味	2W	目视、鼻闻		○		√	
	线路	无损坏	2W	目视		○		√	
	灯具	无变形	2W	目视		○		√	
	吊架	无变形、无损坏	2W	目视		○			
	保险	容量正确、完好	2W	目视		○		√	
	灯泡	正常亮灯	2W	目视		○		√	
	整流器	无烧焦痕迹	2W	目视		○		√	
	启辉器	正常	2W	目视		○		√	
	可充电电池	接线正确	2W	目视		○			
	接线端子	无松脱、无变色	2W	目视		○		√	
	墙壁插座	无变形、无损坏	2W	目视		○			
	照明箱	无变形、无损坏	2W	目视		○			
	荧灯管	正常亮灯	2W	目视		○		√	

（四）维修作业标准

维修作业标准是检修责任单位进行检修作业的基准，也是确定修理工时及修理费用的依据。

维修作业标准的内容包括设备名称、作业名称、使用工器具、作业条件、保护工具、作业人员、作业时间、总工时、作业网络图、作业要素（项目）、作业内容、操作人员、技术安全要点，以及检修费用等。

下面是某企业维修作业标准书，供读者参考。

【范本7】▶▶▶ ••••••••••••••••••••••••••••••••••••••

维修作业标准书

设备名称		刮板运输机		作业名称		变速器修理
作业人员	2人	计划投入工时		12个	计划停机台时	6天

流程	升井准备 ① ➡ 1天	揭盖 ② ➡ 0.5天	清理 ③ ➡ 1天	检修、更换配件 ④ ➡ 1.5天	装配 ⑤ ➡ 0.5天	试运行 ⑥ ➡ 0.5天	下井安装 ⑦ ➡ ⑧ 1天

技术要求	安全及注意事项
（1）装配前要将各零件清洗干净，分组存放 （2）轴承及箱体结合处应无渗漏 （3）变速器润滑油应用 68 号齿轮油，加油至油标刻度线 （4）装配好的变速器应运转正常，无异响	（1）要注意拆卸、吊装过程的安全 （2）拆卸箱体时，如涉及其他零部件，应按规定装好，不得缺件遗漏 （3）运行时，应先低速运转 3 ~ 5 分钟

四、点检前的准备工作

点检前的准备工作主要包括制订合理的点检计划、培训点检人员和设置点检通道。

（一）制订点检计划

对设备现状进行调查后，企业就要制订相应的点检计划，以确定点检的项目、基准、方法和周期等。点检计划表如表5-7所示。

表5-7　点检计划表

设备名称：介质系统
注：○——计划，△——待处理，√——完好，×——故障；周期标志：D——天，W——周，M——月，S——每运行班，Q——季，Y——年

序号	部位名称	点检计划项目	周期	年月 日	月 1 2 3 4 5 6 7 8 9 10 11 12 13 14 15 16 17 18 19 20 21 22 23 24 25 26 27 28 29 30 31
1	各站内柜子	工作环境洁净、温度和湿度适宜	D	计划 实绩	

（续表）

序号	部位名称	点检计划项目	周期	年月	月																															
				日	1	2	3	4	5	6	7	8	9	10	11	12	13	14	15	16	17	18	19	20	21	22	23	24	25	26	27	28	29	30	31
1	各站内柜子	各插件指示灯正常	D	计划																																
				实绩																																
		各元器件运行状态正常	D	计划																																
				实绩																																
		接线插头紧固、无松动	W	计划																																
				实绩																																
2	输入/输出/端口（I/O）	工作环境洁净、温度和湿度适宜	D	计划																																
				实绩																																
		现场I/O块运行状态及指示灯正常	D	计划																																
				实绩																																
		电缆正常、接线紧固	W	计划																																
				实绩																																
3	检测装置	接近开关回馈信号正常	D	计划																																
				实绩																																
		传感器回馈信号正常	D	计划																																
				实绩																																
		控制阀阀头供电正常	D	计划																																
				实绩																																
4	通信网络	工作环境洁净、温度和湿度适宜	D	计划																																
				实绩																																
		网络信号正常	D	计划																																
				实绩																																

（二）培训点检人员

为了使操作人员能胜任点检工作，企业应对操作人员进行一定的专业技术知识和设备原理、构造、机能的培训。这项工作由技术人员负责，并且要尽量采取轻松、活泼的方式进行。

在培训前，企业应制订培训计划。计划中应明确受培训者、培训者、培训内容和日程安排等，以保障培训工作的顺利实施。

（三）设置点检通道

对于设备较集中的场所，企业应考虑设置点检通道。点检通道的设置可采取在地面画线或设置指路牌的方式，然后再沿点检通道、依据点检作业点的位置设置若干点检作业站。这样，点检人员沿点检通道走一圈就能完成对一个区域内各个站点设备的点检作业，从而有效地避免点检工作中的疏忽和遗漏。企业在设置点检通道时要注意三个要点，如图5-8所示。

点检时的行进路径最短　点检项目都能被点检通道中的站点覆盖　沿通道点检时，点检人员很容易找到各点检作业点的位置

图5-8　设置点检通道的要点

五、点检的实施管理

对于日常点检，点检人员可以按照正常的程序实施点检作业。对于一些设备的定期点检，点检人员则要在规定的时间点进行，并做好相应的记录。

（一）点检要点

某些设备日常工作量大、使用频繁，是点检工作的重点，对此点检人员须注意以下几个要点。

（1）点检必须按照规定的点检项目和科学的线路，每天循环往复地进行。做好这项工作的关键是严格执行日常的点检程序，这就要求操作人员应成为具有较高素质的技术型和管理型作业人员。

（2）点检中发现设备摆放混乱时应及时整理，使其恢复整齐。

（3）必须对不正确的设备操作行为予以纠正，并向操作人员讲解设备结构、性能等方面的相关要点，使其了解为何要按操作规程作业。

（4）应根据现场实际情况填写点检表，并与操作人员一起落实点检工作。

（二）点检结果分析

在点检实施后，点检人员要对所有记录，包括点检记录、设备潜在异常记录、日常点检的信息记录等进行整理和分析，以实施具有针对性的改进措施。在这些分析的基础上，企业可实施改善措施，以提高设备的使用效率。

（三）解决点检中存在的问题

设备点检中发现的问题不同，解决问题的途径也不同。

（1）经过简单调整、修正可以解决的问题，一般由操作人员自己解决。

（2）在点检中发现的难度较大的故障和隐患，由专业维修人员及时解决。

（3）维修工作量较大、暂不影响使用的故障和隐患，经车间机械员鉴定后，由车间维修组予以排除，或上报设备管理部门协助解决。

相关链接

操作人员与维修人员的点检责任区分

企业要明确设备点检时各参与人员的职责。凡是设备有异常情况，操作人员或维修人员在定期点检、专题点检时没有检查出的，由操作人员或维修人员负责；已检查出的，应由维修人员维修；没有及时维修的，由维修人员负责。

企业要做好设备点检工作应明确以下关系。

1. 操作人员与岗位点检的关系

操作人员是设备的第一监护人，其完成各类生产任务的首要条件是设备的正常运行。因此，关注设备的运行状态是他们的一项重要工作。由于操作人员经常与设备打交道，他们对设备的运行状况了解得比较清楚，应该是设备异常情况的第一发现人。

操作人员技能的高低不仅反映在产品的质量上，而且反映在设备的使用寿命上。技能较高的操作人员在一定程度上可以弥补由于设备缺陷造成的产品质量问题，甚至还能指点专业维修人员的修理方向。尤其是技术含量较高的设备，对操作人员的素质要求更高。

只有两者相得益彰，才能发挥出设备应有的技术优势。

岗位点检是设备点检维修制度的重要组成部分，以操作人员为主的岗位点检与专业人员的专业点检有所不同，它体现了全员设备维护管理的特征。同时，岗位点检还要求操作人员必须熟悉生产设备的结构，掌握相关设备的基本知识，具有较强的责任感和观察力，能凭借直感和经验对设备的表征现象进行观察分析，及时发现设备的异常情况。

由于操作人员实行岗位点检，增加了新的工作内容，所以思想观点必须随之发生改变。在新的设备管理体制下，操作人员要做的不仅仅是操作，更需要做好岗位点检工作。

因此，促进操作人员思想的转变也是管理者应该思考的问题。

2. 岗位点检与专业点检的关系

岗位点检和专业点检应相互补充，有机结合。

（1）岗位点检是设备点检定修的第一道防线

要确保第一道防线发挥应有的作用，岗位点检人员必须熟悉点检标准，熟悉设备结构原理和工艺操作程序，做到正确使用，合理操作；同时还必须具备自主管理设备的意识和维护保养设备的基本技能，包括正确紧固螺丝、合理添加润滑油、简单机配件的更换、简单故障的排除等。

（2）专业点检的作用及对专业点检的要求

专业点检在设备点检维修管理中处于核心地位，专业点检人员是设备点检维修管理的责任者和管理者。

①在专业技术方面，专业点检人员要具有预防维修的基本知识，掌握设备的相关技术图纸、制定点检标准，确定进行倾向自主管理的项目，并结合精密点检或简易诊断技术，对主要零部件进行量化管理。

②在管理业务方面，专业点检人员在全面开展点检工作的基础上，精心编制各种维修计划及预算，如维修工程计划、备品备件计划、维修费用计划，以及点检工作的各种计划；做好原始记录、信息传递、数据分析；正确处理和协调点检、生产、

维修三方面的关系，不断提高设备点检维修水平。

③在工作作风方面，专业点检人员要有高度的责任心，不相互推诿，工作精益求精；要有自信心及推行点检设备管理的强烈意识，积极推进全员设备维修管理工作。

六、精密点检与劣化倾向管理

（一）精密点检

精密点检是设备点检不可缺少的一项内容，主要是利用精密仪器或在线监测等方式对在线、离线设备进行综合检查测试与诊断，测定设备的某些物理量，及时掌握设备及零部件的运行状态和缺陷状况，定量地确定设备的技术状况、劣化程度及劣化趋势，以判断其修理和调整的必要性。

1.精密点检的常用方法

精密点检的常用方法包括无损检查技术、噪声诊断技术、油液监测分析技术、温度监测技术、应力应变监测技术、表面不解体检测技术和电气设备检测技术。

2.精密点检管理流程

精密点检管理流程如图 5-9 所示。

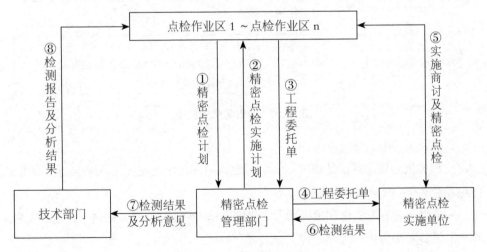

图 5-9 精密点检管理流程

3. 精密点检跟踪管理

精密点检跟踪管理即根据设备实际状况和精密点检结果采取相应的管理办法。企业一般会采取继续检测、监护运行和停机修理三种对策。

对精密点检结果判断有缺陷的设备，为控制设备劣化的发展应采用以下措施。

（1）设备状态监视。

（2）备件准备。

（二）设备的劣化

设备原有功能的降低和丧失，以及设备的技术、经济性能的降低，都称为设备的劣化。

1. 设备劣化的类型

设备劣化的类型有三类，如图 5-10 所示。

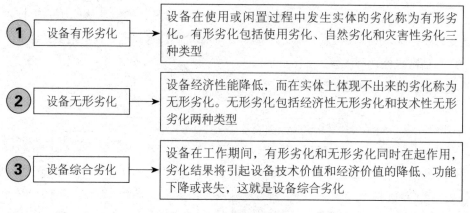

图 5-10　设备劣化的类型

2. 设备劣化的补偿

有形劣化的局部补偿是修理；无形劣化的局部补偿是现代化技术改造；有形劣化和无形劣化的完全补偿是更新。

一般地，在有形劣化期短于无形劣化期时适于修理；反之，则适于改造和更新。

3. 设备有形劣化的表现形式

设备有形劣化的主要表现形式有机械磨损、疲劳磨损、塑性断裂和脆性断裂、腐蚀、蠕变、元器件老化等。

（三）设备容易发生有形劣化的部位

设备容易发生有形劣化的部位如图 5-11 所示。

机械设备的劣化部位	电气设备的劣化部位
·机件滑动工作部位 ·机械传动工作部位 ·机件旋转工作部位 ·支撑剂连接部位 ·与原料、灰尘接触、黏附部位 ·受介质腐蚀、黏附部位	·绝缘部位 ·受介质腐蚀部位 ·受灰尘污染部位 ·受温度影响部位 ·受潮湿侵入部位

图 5-11　设备容易发生有形劣化的部位

（四）设备劣化的原因

设备劣化是在生产活动中经常遇到的、不可避免的一种现象。造成设备劣化的原因有多种，主要体现在以下五个方面，如表 5-8 所示。

表 5-8　设备劣化的原因

序号	原因		说明
1	设备本体方面	设计上的问题	（1）结构不合理，形状不好 （2）零部件的强度、刚度不够，元器件选择不当 （3）选择的安全系数过小 （4）材质选择不恰当
		制造上的问题	（1）零部件材质与设计要求不符 （2）材质有先天性缺陷，如内裂、砂眼、缩孔、夹杂等 （3）加工精度不高，装配质量差 （4）热处理质量差，造成零部件强度不合要求 （5）元器件质量差，不符合设计要求，装配工艺不佳
		安装上的问题	（1）基础品质不好 （2）安装质量低劣，如水平标高不对、中心轴线不正等 （3）调试质量差，间隙调整不当，精度调整马虎
2	设备管理方面	维护保养上的问题	（1）点检不良，润滑不当，异物混入，接触不良，绝缘不良 （2）故障、异常排除不及时 （3）磨损、疲劳超极限的部件更换不及时 （4）保温、散热不好，防潮防湿不佳，通风排水不及时

（续表）

序号	原因		说明
2	设备管理方面	检修工作上的问题	（1）检修质量低，如装配不好、公差配合不佳、组装偏心、精度下降 （2）未按计划检修，不按点检要求检修 （3）不按标准作业，施工马虎，调整粗糙
3	生产管理方面	管理上的问题	（1）管理不善，不及时进行操作点检及维护保养 （2）整理、整顿、整洁、整修工作不能很好贯彻 （3）闲置设备未按规定要求进行维护 （4）不及时与设备人员沟通信息，造成贻误
		操作上的问题	（1）不能正确操作和使用设备 （2）违反操作规程，进行超负荷运转 （3）责任心不强，工作时漫不经心，造成误操作
4	环境条件方面		（1）抗高温、防腐、防冻等保护措施不力 （2）来自外部的碰撞、冲击等 （3）不可抗拒的自然灾害及意外灾害，如台风、暴雨、水灾、地震、雷击、爆炸、火灾等
5	正常使用条件下的问题		（1）机体之间有相对运动时，滑动或滚动状态下的正常磨损 （2）高低温或冲击工作状态下，设备金属的疲劳、变形蠕变，承载强度下降 （3）在腐蚀介质条件下工作的设备的腐蚀 （4）元器件的老化，绝缘的降低，橡胶、塑料件的老化

（五）劣化倾向管理

劣化倾向管理是指观察对象设备故障参数，定期对其进行劣化量测定，确定劣化的规模，控制劣化倾向，定量掌握设备工作机件使用寿命的管理。

1. 劣化倾向管理的目的

了解设备的劣化规律，掌握其何时达到劣化极限值，使零部件的更换在劣化极限内进行，进而实现预知维修。

2. 精密点检与劣化倾向管理

精密点检主要是确定设备劣化和磨损的实际程度，所得数据要通过劣化倾向管理进行整理、加工，从而获得设备的劣化规律。

不进行劣化倾向管理，精密点检也就失去了意义；没有精密点检，也不可能进行劣化倾向管理。二者相辅相成，缺一不可。

3. 劣化倾向管理的实施

劣化倾向管理的实施流程如图 5-12 所示。

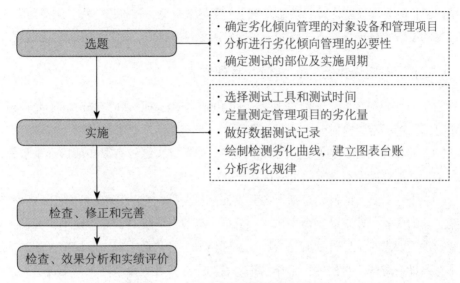

图 5-12　劣化倾向管理的实施流程

第四节　设备定修——可靠性和经济性得到最佳配合

设备定修是指在推行设备点检管理的基础上，根据预防维修的原则，按照设备的状态，确定设备的检修周期和检修项目。其在确保检修间隔内的设备能稳定、可靠运行的基础上，做到使连续生产系统的设备停修时间最短，物流、能源和劳动力消耗最少，是使设备的可靠性和经济性得到最佳配合的一种检修方式。

一、设备定修的特征

设备定修有以下特征。

（一）达到预防维修的目的

设备定修是在设备点检、预防检修的条件下进行的，是为了消除设备的劣化，使设备的状态恢复到应有的性能，从而保证设备不间断、稳定、可靠运行，达到预防维修的目的。在设备点检管理的基础上，要尽量避免"过维修"和"欠维修"，做到该修的设备安排定修，不该修的设备则要避免过度检修，逐步向状态检修过渡。

（二）设备定修推行"计划值"管理方式

（1）对停机修理的计划时间力求达到100%准确，即实际定修时间不允许超过规定时间，也不希望提前很多时间。

（2）定修项目的完成也追求100%准确。如果每次定修有很多项目不是预先设定的项目，那就算不上是按照设备状态来确定检修。

（3）上述计划值的制定是基于各级设备管理人员（包括设备主管、专工、点检员）日常工作的积累，要求计划命中率（准确率）逐步有所提高。点检定修制强调工作的有效性，要求制定的计划值符合客观实际情况。计划命中率（准确率）的高低反映了各级设备管理人员的综合工作水平，有的企业将计划命中率作为衡量员工工作的一个标准。

（三）定修项目的动态管理

定修项目的动态管理是设备定修的主要特征。

点检定修制明确将PDCA的工作方法贯穿于设备的全过程管理，对每一个定修过程要认真记录修前、修后的设备状况，对劣化部位及相应的预防劣化的措施应记录在案。除在日常点检管理中跟踪检查外，在下一次定修时要进行总结，并在此基础上提出相应意见，不断完善设备的技术标准和作业标准，修改相应的维护标准和点检标准，达到延长检修周期和零部件寿命的目的，这一过程又被称为设备的持续改进。

（四）设备定修要求所有检修项目的检修质量受控

点检制强调设备在运行期间的受控外，还要求在检修期间的所有检修项目的检修质量受控。每一个点检员要参与检修现场的检修质量确认，点检定修管理导则规定了"三方确认"和"两方确认"，即对重大安全、质量问题，点检员要到现场进行确认。目前对检修质量的监控，普遍采用监控质检点（H 、W 点）的做法，其中 H 点（ HOID POINT ）为不可逾越的停工待检点，W 点（WITNESS POINT）为见证点。

（五）设备定修要求使设备的可靠性和经济性得到最佳的配合

设备定修除了使设备消除劣化、恢复性能以外，还要兼顾经济方面的要求，一般来说应考虑下列问题。

（1）通过点检管理和状态诊断，在掌握主设备准确状态的基础上，合理延长主设备检修间隔（改变年修模型），这是设备点检定修追求的主要目标。

（2）在掌握设备状态的基础上，通过点检管理尽量减少过度维修项目。

（3）年度检修中更换下来的可恢复使用的部件的修复。

（4）改进工艺和作业标准，降低原材料、备品配件、能源的过度消耗。

（5）合理安排人力资源，使日常修理和定期修理的负荷均衡化。

（6）减少和降低设备定修在备品配件、原材料、能源库存上的资金占用。

二、设备定修的类别

根据维修内容、技术要求以及工作量的大小，设备维修工作可划分为大修、项修和小修三类，具体如表 5-9 所示。

表 5-9　设备维修的类别

序号	类别	具体说明
1	大修	设备大修的工作量很大。大修时，要对设备的全部或大部分部件解体；修复基准件，更换或修复全部失效的零件；修复和调整设备的电气及液、气动系统；修复设备的附件及翻新外观等，从而达到全面消除修前存在的缺陷、恢复设备规定功能和精度的目的
2	项修	项修是根据设备的实际情况，对状态劣化、难以达到生产工艺要求的部件进行有针对性的维修。项修时，一般要拆卸、检查、更换或修复部分失效的零件；必要时，需要对基准件进行局部维修和调整精度，从而恢复所修部分的精度和性能 项目维修具有安排灵活、针对性强、停机时间短、维修费用低、能及时配合生产需要、避免过剩维修等特点。对于大型设备、组合机床、流水线或单一关键设备，企业可根据在日常检查、监测中发现的问题，利用生产间隙时间（节假日）安排项修，从而保证生产的正常进行

（续表）

序号	类别	具体说明
3	小修	小修的工作量最小。对于实行状态监测维修的设备，小修的内容是针对日常点检、定期检查和状态监测诊断发现的问题，拆卸有关部件，检查、调整、更换或修复失效的零件，以恢复设备的正常功能；对于实行定期维修的设备，小修的主要内容是根据掌握的磨损规律，更换或修复在维修间隔期内即将失效的零件，以保证设备的正常功能

按照不同的划分标准要求，三类设备维修工作的内容各有所侧重，具体说明如表 5-10 所示。

表 5-10　设备维修工作内容比较表

标准要求	大修	项修	小修
拆卸分解程度	全部拆卸分解	针对检查部位，部分拆卸分解	拆卸、检查部分磨损严重的机件和部位
修复范围和程度	维修基准件，更换或修复主要件、大型件及所有不合格零件	根据维修项目，对维修部件进行修复，更换不合格零件	清除污秽积垢，调整零件相对位置，更换或修复不能使用的零件，修复达不到完好程度的部位
刮研程度	加工和刮研全部滑动接合面	根据维修项目决定刮研部位	必要时局部修刮，填补划痕
精度要求	按大修精度及通用技术标准检查验收	按预定要求验收	按设备完好标准要求验收
表面修饰要求	全部外表面刮腻子、打光、喷漆，手柄等零部件重新电镀	补漆或不进行	不进行

三、维修定修的阶段管理

设备的维修必须依照各类维修计划进行。企业应做好维修前准备、实施维修和验收检查三个阶段的管理工作。

（一）维修前准备

1.划出维修区域

维修之前，企业应划出专门的维修区域供维修工作使用。

2. 粘贴维修标志

维修人员应当在需维修的设备上贴上"修理中""禁止运行"等标志,以示区分。

3. 调查设备技术状态和产品技术要求

为了全面、深入地掌握需要维修设备的具体劣化情况和修后设备加工产品的技术要求，负责设备维修的技术人员应会同设备使用单位的机械动力师和施工单位维修技术人员共同进行维修前的预检。

（二）实施维修

在确定的时间内，维修人员依据维修技术任务书、维修工艺规程进行设备维修。维修过程中，维修设备如需与外界隔离，可以用带老虎线的栏杆隔开。

（三）验收检查

设备维修完毕，经空运转试验和几何精度检验自检合格后，维修单位应通知企业设备管理部门操作人员、机械动力师和质量检查人员共同参加设备维修后的整体质量验收工作。设备大修、项修竣工验收应依相应程序进行，具体如表 5-11 所示。

表 5-11　设备大修、项修竣工验收程序

检验内容	检验依据	检验人员	记录
空运转试车检验	空运转试车标准	修理单位相关人员	空运转试车记录
		质量检查人员、主修技术人员	
		设备操作人员	
		设备管理部门相关人员	
负荷试车检验	负荷试车标准	修理单位相关人员	负荷试车记录
		质量检查人员、主修技术人员	
		设备操作人员	
		设备管理部门相关人员	
精度检验	几何工作精度标准	修理单位相关人员	精度检验记录
		质量检查人员、主修技术人员	
		设备操作人员	
		设备管理部门相关人员	

（续表）

检验内容	检验依据	检验人员	记录
竣工验收	修理任务书及检验记录	修理单位相关人员	设备大修、项修竣工报告单（见表5-12）
		质量检查人员、主修技术人员	
		车间机械员、设备操作人员	
		设备管理部门相关人员	

表 5-12　设备大修、项修竣工报告单

维修日期：　　　　　　　　　　　　　　　验收日期：

填报人：　　　　　　　　　　　　　　　　填报日期：

设备编号		设备名称		设备型号	
序号	维修项目	维修记录	试运行状况	维修人员	
验收单位意见	设备使用部门				
	设备管理部门				
	质量检验部门				
工程评价栏					

　　按规定标准，在空运转试车、负荷试车及几何工作精度检验均合格后才可办理竣工验收手续。验收工作由企业设备管理部门主持，由维修单位填写"设备大修、项修竣工报告单"（一式三份），随附设备维修技术文件和试车检验记录。参加验收的人员要认真查阅维修技术文件和维修检验记录，并互相交换对维修质量的评价意见。

　　在设备管理部门、使用部门和质量检验部门的代表一致确认已完成维修技术任务书规定的维修内容，并达到规定的质量标准和技术条件之后，各方人员在"设备大修、项修竣工报告单"上签字验收，并在评价栏内填写验收单位的综合评价意见。

　　验收时，如有个别遗留问题，在不影响设备正常使用的情况下，各方人员须在"设备大修、项修竣工报告单"上写明经各方商定的处理办法，由维修单位限期解决。

（四）做好维修记录

　　设备维修时，维修人员应做好相应的维修记录，具体如表 5-13 所示。

表 5-13　设备维修记录表

使用单位：　　　　　　　　　维修日期：　　　　　　　　检验日期：

设备名称：		设备编号：		型号规格：
序号	维修内容	维修结果	维修人员	检验人员

　　维修人员在设备的大修、项修完成后，要填写"设备大修、项修完成情况明细表"（见表 5-14）和"设备大修、项修竣工报告单"。

表 5-14　设备大修、项修完成情况明细表

序号	工作令号	资产编号	设备名称	规格型号	制造厂	出厂日期	使用部门	复杂系数		修理性		计划进度（季度）				计划修理费用（元）		实际修理费用（元）		实际开工时间	实际完成时间
								机	电	大修	项修	一	二	三	四	机	电	机	电		

第六章

TPM品质保养

"进行具有效率性的设备保养、追求并维持高水准的品质提升"已成为品质保养的基本理念；从设备的管理层面来探讨品质问题，是品质保养活动的准则，也是TPM活动八大支柱的重要环节，借此能建立品质保证体制。

为了保持产品的所有品质特性处于最佳状态，我们要对与质量有关的人员、设备、材料、方法、信息等要因进行管理——对废品、次品和质量缺陷的发生防患于未然，从结果管理变为要因管理，使产品的生产处于良好的受控状态。

第一节　品质保养概述

一、何谓品质保养

品质保养是指为了保持加工物及产品的完善品质，必须设定保持完美的设备条件，然后依时间序列，点检、测定该条件，确认该测定值均在标准值以内，借以预防品质不良，并观察测定值的变化，预知发生品质不良的可能性，以利事先采取对策的活动。

品质保养定义的分解如表6-1所示。

表6-1　品质保养定义的分解

定义	实施课题
以不出现不良的设备为目标设定零不良的条件	条件设定
将该条件以时间序列点检及测定	日常定期点检
确认测定值在标准值以内，借以预知发生不良的可能性	倾向管理，预知保养
预先采取对策	预先对策

二、品质保养的基本思路

为了防止产生由于设备及加工条件所引起的质量不良，可将品质保养活动与设备管理活动结合起来，探讨质量特性与原材料条件、方法条件及设备精度等的关联性，以便设定零不良的设备条件。这种条件设定就是将不良要因明确化，即为了生产良品，应该设定并维持其原材料、加工方法及设备精度等条件。同时，以自主保全活动与技能教育培训所培养出对设备专精的操作人员为基础，进而谋求对所设定的条件进行维持管理，以实现零不良的目标。品质保养的基本思路（见图6-1）。

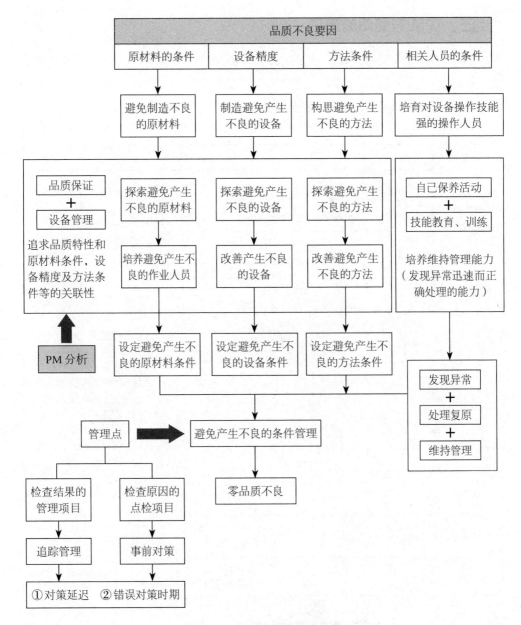

图 6-1　品质保养的基本思路

　　要避免产生不良条件，最重要的就是要从过去所检查的产品记录中掌握不良的发生原因，并采取相应的对策，改变对质量有所影响的各"点检项目"，再依时间序列加以测量，一旦预见该测量值即将超过所设定基准值就要采取对策。

三、TPM 对品质的想法

TPM 活动作为经营之本，通过建设实现最佳的质量和生产效益，创造最舒适的工作环境。

TPM 对质量的提升基于图 6-2 所示的一些想法。

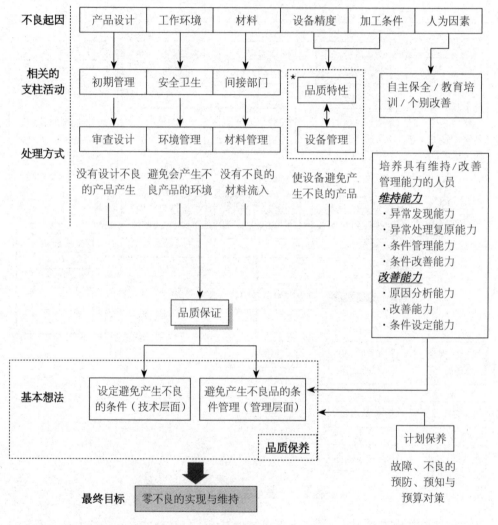

图 6-2　TPM 对品质的想法

*为确保设备的机能状态以及使加工条件保持稳定，进而使设备不会产生不良的产品，要了解产品"品质特性"与"设备管理项目"的关联性。

在 TPM 的八大支柱中，自主保全、专业保全、个别改善、初期管理等都是对源头和过程的控制，它们是品质保养开展和产生效果的保障与前提。例如，自主保全是先还原设备的初始状态，然后再进行改善；专业保全是确保设备故障为零；初期管理是针对新制品、新设备制定源头保护对策；人才培养是为了培养能正确执行和不断创新的专家型员工。这一切都为实现生产不良为"零"的质量保全打下了坚实的基础。

有关品质保养与 TPM 活动中各支柱（各活动）的关系如图 6-3 所示。

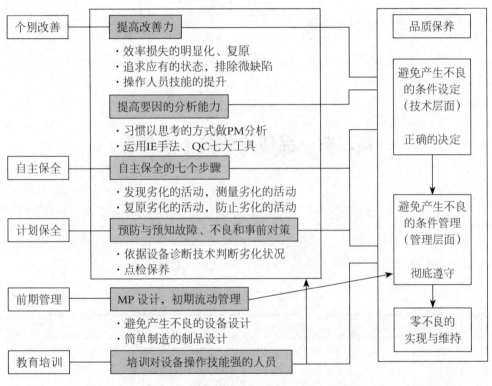

图 6-3　品质保养与 TPM 五大支柱的关系

四、推行品质保养的前提条件

（一）强制劣化的排除

通过自主保养活动，彻底推行排除强制劣化，减少组成零件的寿命不均匀，并谋求延长寿命。

（二）培养对设备专精的人才

培育有能力早期发现"可能会产生不良"的异常原因，并能迅速对该异常采取正确措施的操作人员。

（三）设备"零故障化"运动

要将设备停止型故障以及机能降低型故障减少到"零"，尤其是要将品质与设备（部位、零件）条件的关联明确化。

（四）新产品或新设备的 MP 设计

在产品设计或设备设计阶段，就必须要建立不会产生不良制品或设备的制造体制。

第二节　品质保养的十大步骤

企业应以品质保养活动来设定避免产生不良的 4M 条件，并使员工易于遵守，同时以点检项目的集约化、点检基准值的设定来落实条件管理项目的标准。上述条件管理与倾向管理为品质保养的两大活动。品质保养的步骤如表 6-2 所示。

表 6-2　品质保养的步骤

步骤			内容	注意点
质量改善	准备	1	现状确认	（1）确认质量规格、质量特性 （2）制作 QC 单位工程流程图 （3）质量不良状况与现象的调查层别	（1）明确应维持的产品质量特性值 （2）明确设备系统机构、机能加工原理、顺序等 （3）掌握工程质量不良发生状况 （4）了解层别不良现象 （5）明确发生不良现象单位工程
	调查分析	2	发生不良工程调查	制作 QA[①]矩阵，并对不良项目的发生单位进行工程调查	单位工程与不良项目的关联性调查

① QA的全称为Quality Assurance，意思为质量保证。

（续表）

步骤			内容	注意点
质量改善	调查分析	3　4M 条件调查分析	（1）单位工程别的 4M 条件调查 （2）指出现场调查的不完备点	（1）依图纸、标准、作业指导书等调查 4M 条件 （2）依加工原理、设备、机能，明确 4M 应有条件 （3）现场调查后，要明确 4M 条件设定，掌握不完备点
	改善检讨	4　问题点对策检讨	（1）制成问题点一览表，加以检讨对策 （2）设备状态的确认与复原改善	（1）用自主保全活动维持状态的确认及调查加工条件、换模方法 （2）不能只满足设备条件的设备改善
		5　对良品化条件不确定的因素加以解析	（1）良品制造条件不确定因素的解析 （2）以实验来设定应有状态	（1）回归加工原理原则，将加工条件与设备精度的关联明确化 （2）整理同一设备有复数的质量特性问题时，设备的各部位对质量特性的影响程度 （3）依 PM 分析、FMEA①、实验计量法来了解不良要因与 4M 的关联，并设定质量满足的 4M 条件 （4）为保证质量特性值保持在规格内，应确定设备精度以及加工条件的暂定容许值（暂定基准值）
	改善	6　改善 4M 条件缺陷	（1）指出 4M 条件的缺陷 （2）实施改善 （3）评估结果	（1）依解析结果实施 4M 的点检、调查 （2）指出问题点，进行复原与改善 （3）将所有点检项目纳入暂定容许值，确认质量特性是否能满足规格值
		7　设定 4M 条件	设定能制造良品的 4M 条件	——
品质保养	标准化	8　点检法集中化改善	点检法集中化、固定化的探讨与改善	（1）将点检项目按静态精度、动态精度、加工条件来分类设计，以期将项目集中，以便归纳 （2）同时可进行短时间、容易进行点检的改善
	标准化	9　决定点检基准值	（1）点检基准值的决定 （2）制作质量保养矩阵图	（1）为将质量特性值纳入规格内，将设备精度容许值（基准值）以振动测定法等来设定代用特性值 （2）除了需要特别的测定技术或分解点检

---
① FMEA 的全称为 Failure Mode and Effect Analysis，意思为失效模式及影响分析。

（续表）

	步骤		内容	注意点
品质保养	标准化	9 决定点检基准值	（3）点检的信赖性提升、简单化、省人化	需要技能与时间的项目外，皆作为生产部门的点检项目 （3）分析点检依赖性的改善、简单化、省人化，并实施改善
		10 标准的修订与倾向管理	（1）修订原料标准、点检标准及作业标准 （2）倾向管理与结果的确认	（1）管理者应向员工说明为什么要做这些点检工作，并就设备机构、构造、机能或产品加工原理等方面的内容对员工进行培训 （2）点检基准的追加由全员自行追加 （3）通过倾向管理，在未超过标准值之前采取相应对策 （4）在所决定的标准以外的质量问题发生时，应进行基准值的修订与点检项目、方法的检讨

一、现状确认

这一步是为了设定品质保养活动的基准点和目标值而进行的现状调查，也是使品质保养活动顺利进行的重要措施。

首先，通过确认对象产品的规格值，发掘可能达不到规格的所有质量特性不良项目；其次，进行质量制造、工程流程图、发生不良状况与现象的调查与识别，并将这些不良、客户投诉处理以及因不良而进行的检查工时全部换算为损失成本，让全员都知道。总之，进行现状确认时需注意如下要点。

（1）质量规格、特性值的确认：掌握产品规格、特性值与制造规格、检查规格，并明确其维持的质量特性。

（2）制作单位工程 QC 图：制作单位工程 QC 流程图，明确设备及系统的机构、机能、加工原理等，并调查在单位工程中维持质量的管理项目（如基准、方法等），如图 6-4 所示。

（3）对质量不良状况和现象的调查与识别：在工程中掌握发生不良状况，并对该现象进行识别，使其发生的单位工程明显化。

（4）目标设定与拟订品质保养活动推行计划：以现状调查结果为基准来设定活动目标值，并拟订活动推行计划。推行计划可以用主要产品做示范，先行实施，然后再向其他产品水平展开。

工程路径图 △机器名、生产线名 ○工程名	序号	工程		管理基准	管理方法	担任			管理记录
		管理项目				作业员	组长	检查员	
料浆槽 △2 ○1 料浆保管	1	SUS片、铁锈		不存在	目视	○			
	2	SUS片、铁锈		不存在	目视	○			
	3	压盖温度		50℃以下	用手触摸	○			
	4								
搅拌机 △5 ▽4	5								
	6								
	7	泵电流		10.5A	目视	○			
▢5 料浆温度	8	压盖温度、加水阀开度		30℃以下、半开	用手触摸、目视	○			
	9								
进料泵 △7 ○6 料浆供给	10								
	11	进料量、脱水率		3T／Hr、23%	目视、测量			○	
	12								
脱水机 △10 ⬓8 泵压盖	13	压盖温度		30℃以下	用手触摸、目视	○			
	14	灰尘特附着		不存在	目视	○			
输送带	15								
○9 脱水	16	过滤器堵塞		差压50mag以下	差压计			○	
	17	风温		18000 3/H	测量			○	
拌碎机 △12 ◈ 进料量	18	温度		150℃±5℃	计量器监视			○	
	19	漏斗入口温度		50℃±1℃	计量器监视				

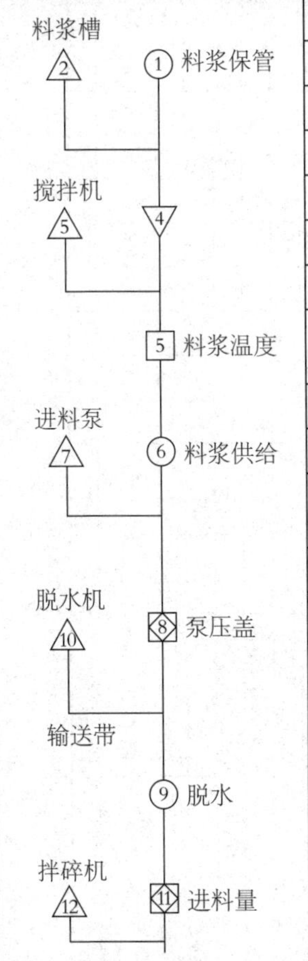

图 6-4 工程 QC 流程图与管理项目

二、发生不良工程调查

这一步是对第一步已经明确的单位工程与不良形式的关联性的进一步分析，之后制作成表 6-3 所示的 QM[1]矩阵表，以便调查分析哪个工程可能会产生质量不良，哪个工程的设备或方法条件变化时会产生不良，另外，要与过去的实际不良情形进行对比，做重要度分析。

---

[1] QM的全称为Quality Manage，意思为质量管理。

表6-3　QM矩阵表

单位名称	镀制厂-镀锌-课		制定者	×××
工程名称	耐指纹处理		制定日期	×××年××月××日
制品名称	热浸镀锌耐指纹彩钢板		版次	第一版

修订日期	修订内容

4M区分	序号	管理设备(部位)	管理项目	基准值	点检方式	点检周期	点检者	积料架转印痕	表面皮膜污染	未涂装布皮膜	涂装辊转印痕	边缘皮膜污染	板面黄线	易置量(定量化)	容易设定	不易变化	变化立刻知道	变化容易复原	质量保养水平	评价水平
设备	01	药剂桶	过滤网	200号	目视	生产前	操作人员		○	○				○	○	○	○	○	D	○
设备	02		输送管路	固定，不弯折	目视	生产前	操作人员		○	○				○	○	○	○	○	D	×
条件	03	Air Pump	空气压力	5千克/平方厘米以上	压力表检测	生产前	操作人员		○	○				○	○	○	○	○	D	×
设备	04		运作	正常作动	目视	随时	操作人员		○	○				○	○	○	○	○	D	×
设备	05		侧缘挡板	固定良好	目视	随时	操作人员		○	○				○	○	○	○	○	D	×
设备	06	涂装辊	表面硬度	55~60 HS	硬度试验	入厂时	操作人员		◎				○	○	○	○	○	○	D	○
设备	07		表面粗糙度	Ra:0.6~0.8微米	粗糙度试验	入厂、研磨时	操作人员				◎		○	○	○	○	○	○	D	×
条件	08		转速(万向接头)	30转每分以上	转速计检测	1次/4小时	操作人员				○		○	○	○	○	○	○	D	×
设备	09		万向接头	固定良好	转动测试	生产前	操作人员				○		○	○	○	○	○	○	D	○
条件	10		上气缸压力	0.7~2.5千克/平方厘米	压力表检测	1次/4小时	操作人员				○		○	○	○	○	○	○	D	○
设备	11		表面状况	无破损，无结皮	目视	随时	操作人员				○			○	○	○	○	○	D	○
条件	12	空气刀	喷嘴位置	由内往外偏移约15°	目视	尺寸变化	操作人员		○			○		○	○	○	○	○	D	×
设备	13		喷嘴	无阻塞	目视	随时	操作人员		○					○	○	○	○	○	D	○
条件	14		空气阀开度	45°以下	阀刻度检测	尺寸变化	操作人员		○					○	○	○	○	○	D	×
条件	15	IR OVEN	钢板温度	60℃以下	温度计量测	1次/时	操作人员						○	○	○	○	○	○	D	○
条件	16	IR OVEN Zone1、2、3	调配比例	1.2:90%以上，3:90%以内	目视	随时	操作人员	◎					○	×	○	○	○	○	D	○
设备	17	转向辊		无皮膜附着	目视	随时	操作人员	◎						×	○	○	○	○	D	○
材料	18	药剂	调配比例	原液80%以上	目视	生产前	操作人员		○		○			○	○	○	○	○	D	○
材料	19	钢板	Passline位置	钢板宽度中心线最大编移10毫米	目视	随时	操作人员		○					○	○	○	○	○	D	○
材料	20		收卷温度	45℃以下	温度计量测	1次/时	操作人员		○					○	○	○	○	○	D	×

注：①质量特性之关联性：◎—影响度高，○—有影响，空白—无关联；②容易QM设备条件之关联性：◎—符合，×—不符合，△—一部分遵守点检基准，空白—未遵守点检基准。③质量保养水平：A—设备不良可预知和改善，B—设备可检知不良并自行处置，C—设备可检知不良位置，D—人力检查且人力处理，E—无需管理；④评价水平之关联性：○—完全遵守点检基准，△—一部分遵守点检基准，×—未遵守点检基准。

三、4M 条件调查分析

这一步是通过 QM 矩阵图来掌握单位工程质量的不良形式，进而了解使用什么样的原材料、什么样的设备、什么样的方法及什么样的点检方式，以防止再发生不良。一般情况下，4M 条件是以"什么"为开端，如表 6-4 所示。

表 6-4　4M 条件调查表

工程	射出工程		成型工程	
设备	染色	供给	形成	
部位	染色机	供料处	FD	簇射
不良	翘起		翘起	翘起
形式	卷曲		弯曲	弯曲
	刮线			

4M	条件基准		条件基准	
设备	异音 ○ 原料漏出 ○ 发热 ○ 漏气 ○ ○	异音 ○ 原料漏出 ○ 发热 ○ 回转数精度 △ 气缸内附着 ⊗	不可有电镀剥落 △ 不可有生锈、伤痕 △ 与模具的中心部位不可脱离 ○ 不可有真空泄漏 ○ 不可有污垢集聚 ⊗ 曲面上不可堵塞 ○ 曲面上不可折断 ⊗ 不可真空堵塞 △	槽不可有漏水及不可配管堵塞
方法	料 +58-ug ○ 主材 A±3% 混合机附着 ○ 检查	回转N±0 ○ 电流安培B±30 ○	FB 研磨 △ 密封垫不可泄漏 ○ 制定模具中心管理规范 △ 清扫期间 ○	水阀、水量阀开度

一般而言，条件、基准尚未确定或不明确的情况下，如果由现场人员自行判断的比例占 20% ~ 40% 时，最好进行改善。

四、问题点对策检讨

这一步是将 4M 条件的问题点依工程类别列出，制成问题点检一览表，然后再探讨问题点的对策，确定对策改善的责任人，付诸实施。对于不能立即采取对策的，将在第五步中再予以探讨。

五、对良品化条件不确定的因素加以解析

这一步是对第四步中不能采取对策的问题点重新加以调查分析，通过运用PM分析法、FMEA及实验计划法等方法来寻找对策。

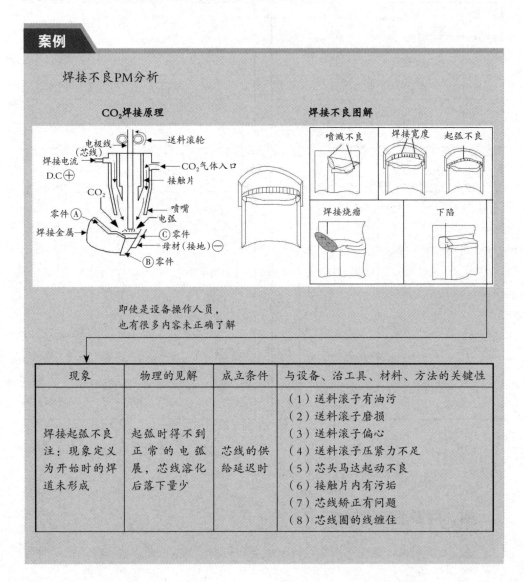

案例

焊接不良PM分析

现象	物理的见解	成立条件	与设备、治工具、材料、方法的关键性
焊接起弧不良 注：现象定义为开始时的焊道未形成	起弧时得不到正常的电弧展，芯线溶化后落下量少	芯线的供给延迟时	（1）送料滚子有油污 （2）送料滚子磨损 （3）送料滚子偏心 （4）送料滚子压紧力不足 （5）芯头马达起动不良 （6）接触片内有污垢 （7）芯线矫正有问题 （8）芯线圈的线缠住

（续表）

现象	物理的见解	成立条件	与设备、治工具、材料、方法的关键性
焊接起弧不良 注：现象定义为开始时的焊道未形成	起弧时得不到正常的电弧展，芯线溶化后落下量少	芯线与母材的间隔不良时	（1）接触片芯线伸出量不足 （2）芯线的前端位置与工件贴合不好 （3）上下移动汽缸的滑动部分松动
		工件旋转时间不均	（1）工件旋转用齿轮背向压坏 （2）定时器精度不良 （3）工件回转用芯头马达不良

六、改善 4M 条件缺陷

这一步是落实对问题点所制定对策的改善方案，定时对实施结果是否满足原设计所要求的质量特性进行评估。

（1）指出 4M 条件的缺陷。

（2）实施改善。

（3）评估结果。依解析结果实施 4M 的点检、调查；指出问题点，进行复原与改善；将所有点检项目纳入暂定容许值，确认品质特性是否能满足规格值。

七、设定 4M 条件

这一步是对之前所做的避免产生不良的 4M 条件与基准进行探讨与设定。

八、点检法集中化改善

这一步是将所设定的 4M 条件全部明确化，要想实现这一目的，必须对设备加以全面点检。为了使点检出的不良情形不再发生，这一步的点检项目较一般点检项目多。但由于这一步在维护管理上有困难，所以必须依图 6-5 所示的步骤将点检法集中化与固定化。

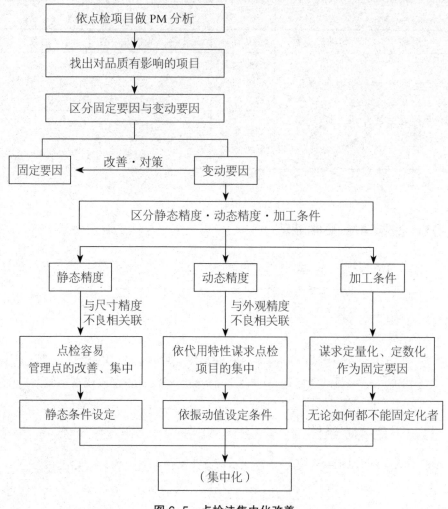

图 6-5　点检法集中化改善

九、决定点检基准值

为了不遗漏任何点检项目，掌握质量特性与设备各部位的精度标准值的关联性、制作质量保养矩阵就显得十分重要。对于质量点检矩阵来说，列明何时、何地、何人、如何进行点检管理十分重要。当然，让全员理解为什么这样做更加重要。此外，本步骤也需要提升点检的信赖性，确保简单化、省人工。

十、标准的修订与倾向管理

为了避免产生不良，企业必须对已设定的各要因条件进行有效维持，按规定的周期、方法实施点检，并对设备变化的程度进行倾向管理。为了建立这种条件管理体制，除了生产部门以外，保养部门也有必要实施点检教育培训，形成各种基准书、标准书，并依图 6-6 所示的步骤进行指导。

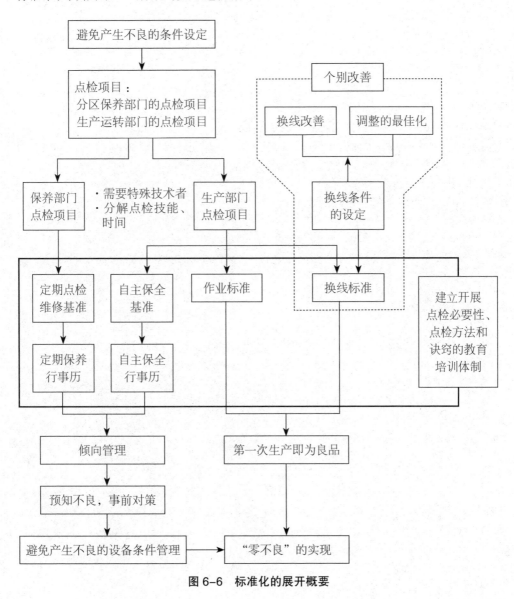

图 6-6　标准化的展开概要

当单位设备的点检项目与基准值不符时，企业应找出与质量不良相关联的要因组件，并将它定位为设备要件，再制作"保养 Q 要件表"，标识在该设备的部位上，确实遵守及实施倾向管理，以达成"零不良"的目标。

为了使目标保养确实按既定目标进行点检，可利用卡片法做成保养记录，以确保设备保养确实得以实施。

第七章

TPM事务改善

　　TPM是全员参与的持续性集体活动。没有间接管理部门（又称事务部门）的支持，企业实施TPM是不可能持续下去的。间接管理部门的效率化主要体现在两个方面，即要有力地支持生产部门开展TPM及其他的生产活动，同时应不断有效地提高本部门的工作效率和工作成果。

第一节 事务部门效率改善的必要性

事务部门包括总务、行政、安全、财务、人力资源、生产管理、产品质量管理、采购、生产技术、设计、设备保全和管理等部门。事务部门在 TPM 中有两项任务：一是生产工程的前期任务，包括设计、生产准备，以及材料调配等；二是支援生产及开展 TPM 活动任务，包括确保全体人员的教育、培训以及构建快捷的信息体系。

一、事务部门效率损失类型

事务部门被企业视为收集、加工和提供信息的"事务性工厂"。从这个角度看，事务部门同样存在着不少事务效率损失。在事务部门中，最有代表性的效率损失有两大类，即时间损失和品质损失。

（一）时间损失

事务部门中的时间损失主要来自以下四个方面，如图 7-1 所示。

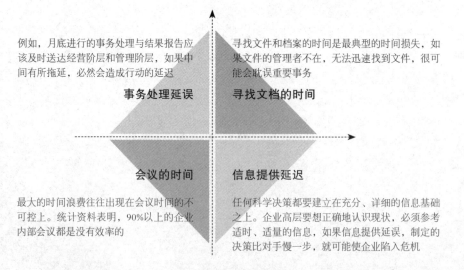

例如，月底进行的事务处理与结果报告应该及时送达经营阶层和管理阶层，如果中间有所拖延，必然会造成行动的延迟

事务处理延误

寻找文件和档案的时间是最典型的时间损失，如果文件的管理者不在，无法迅速找到文件，很可能会耽误重要事务

寻找文档的时间

会议的时间

最大的时间浪费往往出现在会议时间的不可控上。统计资料表明，90%以上的企业内部会议都是没有效率的

信息提供延迟

任何科学决策都要建立在充分、详细的信息基础之上。企业高层要想正确地认识现状，必须参考适时、适量的信息，如果信息提供延迟，制定的决策比对手慢一步，就可能使企业陷入危机

图 7-1 时间损失的类型

（二）品质损失

事务部门制作的计划书、报告文件的品质对根据这些文件采取具体行动的生产部门具有很重要的意义。一旦出现文件传送错误或遗漏等情况，就可能造成品质损失。

在当今信息流通速度极快的情况下，当发现错误时，资料可能已经被严重误用，由此花在补救措施上的成本往往是人工作业时期的数倍甚至更多。因此，避免不良品流入后续流程是事务部门工作的基本原则。

二、事务部门需要导入

随着计算机和通信技术的飞速发展，情报变得越来越重要，尤其是新产品的开发、市场的运营越来越离不开情报的交流。商品80%的品质、成本是在开发、设计、生产阶段决定的，为了不让制造部门产生不必要的浪费，需要开发、设计部门的通力合作。因此，不仅是制造部门，事务部门也有必要进行TPM活动，这样做的目的是减少浪费。企划、开发、管理等部门的主要作用是处理各种情报，进行成本节减，提高竞争力。企业如果不持续进行成本的节减，不开发更多的产品，就不能保证竞争力。

事务部门导入TPM活动之前首先要明确以下问题。

●事务部门为了推进TPM活动，应该做哪些工作?

●要提高部门业务效率，应该选择哪些课题?

事务部门改善的着眼点如下。

●让各部门充分发挥固有的职能，提高业务效率。

●培养高效率处理业务的人才。

●建立业务评价指标体系。

要培养情报处理能力强、办事效率高、业务技能强的人才，特别是能适应不断变化的环境的人才。我们强调的业务技能是指正确处理业务、避免重复的能力，包括议事决定能力、沟通传达能力、数据整理能力。

三、事务部门 TPM 的特点

（一）事务部门与制造部门 TPM 的差异

事务部门主要是处理各种情报的部门，而情报的质量水准、准确性、时间性等直接影响着制造部门的活动。事务部门输出的产物（情报）正是制造部门输入的必要条件（情报）。事务部门与制造部门 TPM 活动的差异如表 7-1 所示。

表 7-1　事务部门与制造部门 TPM 活动的差异

区分	制造部门	事务部门
总目标	顾客满意，企业满意，员工满意	
目的	生产顾客满意的产品，做到零故障、零不良、零灾害、零浪费	提供满意的情报和支援，做到零差错、零投诉、零浪费
特点	制造产品	制造情报
对象	人、生产设备、原辅材料、作业方法	人、办公设备、文件、业务程序
提高方法	现场自主管理活动	事务自主管理活动（事务革新 TPM）
基本方法	5S 活动，可视化管理	

（二）事务部门改善活动的展望

事务部门 TPM 的目标，即通过办公室环境 5S 和革新 TPM 活动，将各项业务及其流程进行标准化和规范化，使获得的信息进行彻底共享和可视化管理，实现效率化、活性化、战略化的理想目标（见图 7-2）。

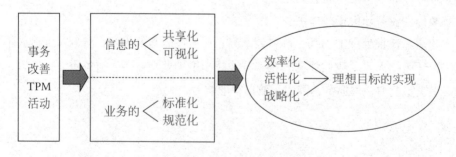

图 7-2　事务部门 TPM 的目标

第二节　事务改善的实施

一、事务改善的内容

企业事务改善工作主要包括以下四个方面的内容，如表 7-2 所示。

表 7-2　事务改善工作的内容

序号	工作项目	具体说明
1	计划工作	确定企业事务管理的内容和目标，明确如何实现这个目标。现代企业事务管理必须具有计划性，只有做好对工作的预测，事务改善管理工作的进行才有依据。这是企业进行事务改善管理的精益化要求，也是保证其管理作用得以发挥的重要前提
2	组织工作	企业运作依靠企业的组织架构，事务管理人员必须明确自身的工作任务，并将具体的任务分配到个人
3	指挥工作	企业应采取具体措施确定员工的合作分工关系，明确其在责、权、职层面的结构体系，以充分调动他们的工作积极性
4	控制工作	对指挥工作中的各项措施进行控制、监督和调整，通过建立监督系统、奖励机制促使其规范地执行，从而使企业事务管理工作具备合理性和有效性

二、事务改善的要点

企业正常运转的前提是有序的管理。企业要想进一步壮大，就必须将事务管理工作放在与经济利益同等重要的位置来考虑。企业高层尤其要树立"精益化管理出效益"的意识，进一步优化管理体系，为企业发展提供组织保障。因此，企业在进行事务改善时要注意以下几个要点，如图 7-3 所示。

要建立一套完整的管理体系

企业要构建完善、健全、明确的流程，并明确部门之间的隶属关系。这样做可以明确责任制，建立清晰的问责机制

要充分利用现代化资源

每个企业都有自己的特点，其可以参考国内外先进企业的管理策略，但是一定要符合自身的发展情况

事务管理必须联系企业实际，做到具体问题具体分析

每个企业的事务都因规模、行业等的影响有其不同的要求和特点，所以事务管理必须根据企业的实际来开展，不同的问题采取不同的处理方式

图 7-3　事务改善的要点

三、事务改善的形式

在一般企业中，事务改善可以采取两种形式：一是事务改善，二是事务革新。

（一）事务改善

事务改善是指对现行的事务制度和事务手续进行研究并改善，以提高事务作业的效率。事务改善的方法可分为以下两种，如图 7-4 所示。

事务作业效率个别性的提高

对个别性的事务作业适当地加以改善，设法花最少的费用获取最高的效率。例如，应用计算机系统代替人工操作，或推行事务人员职能分析等

事务作业效率综合性的提高

个别事务作业常常难以划分清楚责任，管理者应以综合性的眼光来衡量事务作业，并设法加以改善，使事务作业的处理既迅速又经济。例如，推行统一支付制度或推行事务流程及工作分配制度

图 7-4　事务改善的方法

（二）事务革新

事务革新的目的在于清除一些与管理目的不相符合的事务，创立一些合乎管理

目的的事务，使新建立的事务制度经济、有效。

四、设计事务改善制度

（一）一次编制成制度

同一事务的处理往往会涉及不同的部门，这些部门需要分别填写形式不同而内容相似的同一事务处理计划，因而降低了工作效率。这时，企业可以利用一次编制成制度的方式，将所需要的各种信息合并。

一次编制成制度既有优点又有缺点，具体说明如图 7-5 所示。

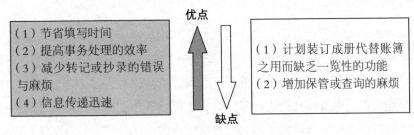

（1）节省填写时间
（2）提高事务处理的效率
（3）减少转记或抄录的错误与麻烦
（4）信息传递迅速

优点　缺点

（1）计划装订成册代替账簿之用而缺乏一览性的功能
（2）增加保管或查询的麻烦

图 7-5　一次编制成制度的优缺点

（二）督促制度

督促制度是指对处理事务的人员在处理日进行催促的一种方式。

（三）查检表的应用

查检表可用作事务改善的工具，其内容一般如下。

（1）日常事务工作有无可取消之处？

（2）日常事务工作有无可合并之处？

（3）部门之间有无重复工作发生？

（4）计划或表格是否还能加以改善？

（5）计划或表格是否传递给多部门？无关紧要的部门是否可取消？

（6）类似的表格是否可一次填写完成？

（7）事务处理手续可否固定化？

（8）文件表格的副本或抄本是否要求过多？

（9）签章是否过多？转记是否错误过多？

五、事务改善的步骤

事务改善小组具备的知识、技术和方法越多，对事务改善越有利。如果事务改善小组的知识和技能不足，"事务改善"立意再好，也无法获得良好的效果，从而浪费企业的资源。优良的事务改善小组应掌握事务管理理论与经验和调查分析的技术，以及原有的作业技术，并且有洞察能力。具备了这些条件，只要依照一定的步骤推行事务改善，就能够达到改善目标。一般而言，事务改善包含以下几个步骤。

（一）把握现状

在合理的事务改善过程中，把握现状包括两项内容：一是观察现状，以了解目前事务作业的情况；二是拟订调查计划，以进一步发现原有事务作业中存在的问题。

没有事务作业经验或对事务作业现状没有仔细观察的人往往凭想象推行事务改善，结果却阻碍了事务作业的进行。因此，在推行事务改善时，事务改善小组必须先充分了解将要推行事务改善部门的原有事务作业现状，然后从中发现问题点。此外，事务改善小组也可以通过调查了解事务作业现状。在调查事务作业现状之前，事务改善小组应拟订调查计划，如确定要收集的资料、资料收集的对象和方法。

（二）发现问题

现状调查的目的在于了解目前事务处理的情况。将调查得到的数据与事务管理理论相比较，就可以发现目前事务作业不合理的问题点。调查事务作业现状的方法有很多，常用的有通盘调查法、事务流程分析法、职务分担分析法和事务作业研究法。

（三）改善方案的拟定

改善方案的拟定包括改善方案的制定与改善方案的修正。改善方案的制定只是寻找最佳的可行改善方案，改善方案的修正是根据事务作业的实际情况而对"最佳可行方案"加以修正。

在找出目前事务作业的问题点并加以检讨后，改善小组便可以制定可行的改善方案。企业可以从所有方案中挑选出最有利的改善方案，然后付诸实施。小的改善方案可以是对表格的改善，大的改善方案可以是对整个事务管理制度的改良。

在付诸实施最佳改善方案时，因事务作业的实际情况或其他原因有一定的缺陷，企业必须对"最佳改善方案"加以修正，使改善方案更趋完美。

（四）改善方案的实施

改善方案的实施能否成功，要看实施前的准备是否充分。在为实施改善方案做准备时，企业应考虑以下事项，如图 7-6 所示。

事项一 ▷ **事务改善的时机是否已经成熟**

在实施改善方案之前，事务改善小组应该充分分析实施改善方案所带来的好处，以获取最高决策层的核准与有力的支持，然后设法让实际推行单位及相关单位理解。改善方案的实施由事务改善小组负责推动，但最主要的还是实际推行单位的配合。推行单位齐心协力推动事务改善是事务改善方案成功的关键所在

事项二 ▷ **人员准备是否充足**

事务改善方案由事务改善小组负责推动。事务改善小组应对事务推行单位的人员进行培训，帮助他们在事务改善技巧上有所提升

事项三 ▷ **表格或账票的准备是否充分**

在推行事务改善方案时，要采用哪些新表格或新账票，继续沿用哪些旧表格或账票，废弃使用哪些旧表格或账票，这些都应事先准备好

事项四 ▷ **设备的准备与操作人员的培训**

设备是购买还是租借？这需要企业视实际情况而定。设备准备好后，事务改善小组要培训操作人员如何使用

事项五 ▷ **改善试行阶段的调整**

事务改善方案应该设有 3 ~ 6 个月的试行期，因为通常在更换制度期间会发现意想不到或不妥当的地方。如发现有不妥当的地方应立即修正，然后再根据修正后的改善方案逐步实施事务改善

图 7-6 实施改善方案前考虑的事项

（五）实施后的评价

事务改善方案必然有许多优点，但是方案实施之后，这些优点是否能够全部表现出来呢？企业应对新方案实施的前后情形加以比较。例如，可以提出以下问题。

（1）新方案实施之后能否节省事务作业时间，能节省多少？

（2）新方案实施之后能否提高事务作业效率，能提高多少？

（3）新方案实施之后能否降低事务作业成本，能降低多少？

如果方案实施后的效果有所降低，事务改善小组应该设法提出其他改善方案，继续进行事务改善。

第八章

TPM环境改善

环境改善是指创建安全、环保、整洁、舒适、充满生气的作业现场，识别安全环境中的危险因素，消除事故隐患及潜在危险。现场的5S活动是现场一切活动的基础，是减少设备故障和安全事故，拥有整洁、健康工作场所的必备条件，是TPM八大支柱活动的基石，是推行TPM活动的前提。因此，企业要想做好TPM活动，一定要做好现场5S活动管理。

第一节　设备5S活动

5S 是指整理、整顿、清扫、清洁和素养，是一种常见的生产及设备管理方法。通过 5S 活动管理，可以清除设备污迹，使其保持干净整洁；明确设备摆放位置，加强设备保养；确保设备能够长期正常运转。

一、设备整理

设备整理就是将工作场所中的设备清楚地区分为需要与不需要，需要的加以妥善保管，不需要的进行相应的处理。

（一）整理的目的

1. 腾出空间，改善和增加作业面积

在生产现场有时会滞留一些不用的、报废的设备等，这些东西既占用现场的空间，又阻碍现场的生产。因此，企业必须将这些东西从生产现场整理出来，留给作业人员更多的作业空间。

2. 消除管理上的混放、混料等差错事故

各类大大小小的设备杂乱无章地堆放在作业现场，会给管理带来难度，很容易造成工作上的差错。

设备杂乱无章地堆放在一起，很容易造成工作上的差错。

3. 消除管理死角，提高产品质量

在生产现场，往往有一些无法使用的设备占据一定的空间，通常这些地方是管理的死角，也是灰尘的来源，如果不及时清理这些设备，将直接影响产品的质量。通过整理就可以消除这些影响质量的因素。

（二）区分必需设备与非必需设备

1. "要"与"不要"的基准

在实施整理过程中，对"要"与"不要"必须制定相应的判断基准。

（1）真正需要的设备：包括正常使用的设备，如推车、拖车、堆高机等。

（2）不需要的设备：主要是指不能或不再使用的设备、工具。

2. 保管场所基准

保管场所基准是指到底在什么地方"要"与"不要"的判断基准，并根据设备的使用次数、使用频率来判定应该将其放在什么地方才合适。制定保管场所基准时应对保管对象进行分析，根据设备的使用频率来明确放置的适当场所，制作"保管场所分析表"，如表 8-1 所示。设备的使用与保管场所如表 8-2 所示。

表 8-1　保管场所分析表

序号	设备名称	使用频率	归类	是必需品还是非必需品	建议场所
		1 年没用过 1 次			
		也许要用			
		3 个月用 1 次			
		1 周用 1 次			
		3 天用 1 次			
		每天都用			

表 8-2　设备的使用与保管场所

是否用	使用频率	处理方法	建议场所
不用	全年一次也未使用	废弃特别处理	待处理区
少用	平均2个月用1次	分类管理	集中场所

（续表）

是否用	使用频率	处理方法	建议场所
普通	1~2个月用1次或以上	置于车间内	各摆放区
常用	1周使用数次、1日使用数次、每小时都使用	工作区内随手可得	作业台

注：应视企业具体情况决定划分的类别及相应的场所。

（三）处理非必需设备

处理非必需设备的方法有以下几种。

（1）改用。将其改用于其他项目，或用于其他需要的部门。

（2）修理、修复。对故障设备进行修理、修复，以恢复其使用价值。

（3）作价处理。由于销售、生产计划或规格变更，购入的设备用不上，可以考虑与供应商协商退货，或者（以较低的价格）卖掉，回收货款。

（4）废弃处理。对那些实在无法发掘其使用价值的设备必须及时实施废弃处理，处理时要注意不得污染环境。

（四）建立非必需设备废弃的程序

为了维持整理活动的成果，企业应建立一套非必需设备废弃申请、判断、实施及后续管理的程序。一般来说，该程序一定要包括以下内容。

（1）设备所在部门填写"设备废弃申请单"，如表8-3所示，提出废弃申请。

（2）技术或主管部门确认设备的利用价值。

（3）相关部门确认再利用的可能性。

（4）财务等部门确认。

（5）高层负责人做出最终的废弃处理认可。

（6）由指定部门实施废弃处理，填写废弃单并予以保留，以备查。

（7）由财务部门做账面销账处理。

表8-3 设备废弃申请单

申请部门		设备名称	
设备编号		设备型号	
废弃理由		购买日期	

（续表）

可否再利用	类别	判定部门	判定	负责人签字
			□可　□不可	
			□可　□不可	
			□可　□不可	
			□可　□不可	
			□可　□不可	
			□可　□不可	
其他判断	□废弃　□其他处理		总经理	
仓库主管		财务经理		

二、设备整顿

整顿就是将整理后留下来的需要品或腾出来的空间进行整体规划，旨在提高使用设备的效率。

（一）设备整顿的常用方法

1.全格法

全格法即依设备的形状用线条框起来。例如，对于小型空压机、台车、铲车一般用黄线或白线将其所在区域框起来。

用黄线或白线将设备所在区域框起来。

2. 直角法

直角法即只定出设备关键角落。例如，对小型工作台、办公桌的定位，有时在四角处用油漆画出定位框或用彩色胶带贴出定置框。

对小型工作台、办公桌的定位，有时在四角处用油漆画出定位框或用彩色胶带贴出定置框。

（二）设备的整顿要点

整顿设备时要注意以下几点。

（1）设备旁边必须悬挂张贴"设备操作规程""设备操作注意事项"等，同时对设备进行维修保养时也应该做好相关记录。这不但能给予员工正确的操作指导，也可让前来考察的客户对企业有信心。

设备旁必须悬挂张贴"设备操作规程""设备操作注意事项"等。

（2）设备之间的摆放距离不宜太近，近距离摆放虽然可节省空间，却难以清扫和检修，而且还会相互影响操作而导致意外。如果空间有限，则首先考虑是否是整理做得不够彻底，再考虑是否有整顿不合理的地方，导致空间的浪费，最后要多考虑改善的技巧与方法。

设备之间的摆放距离不宜太近，近距离摆放虽然可节省空间，却难以清扫和检修，而且还会相互影响操作而导致意外。

（3）将一些容易相互影响操作的设备与一些不易相互影响操作的设备做合理的位置调整。一般企业会在设备的下面加装滚轮，以便轻松移动设备，也便于清扫和检修。

（4）将一些电子设备的附件，如鼠标等进行形迹定位，方便操作。

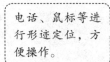

电话、鼠标等进行形迹定位，方便操作。

（三）工具的整顿

1. 工具等频繁使用物品的整顿

对频繁使用的物品应重视并遵守使用前能"立即取得"、使用后能"立刻归位"

的原则。

（1）应充分考虑能否尽量减少作业工具的种类和数量，利用油压、磁性、卡标等代替螺丝，使用标准件将螺丝共通化，以便可以使用同一工具。

（2）将工具放置在离作业环节最近的地方，避免取用和归位时过多的步行和弯腰。

将工具放置在离作业环节最接近的地方。

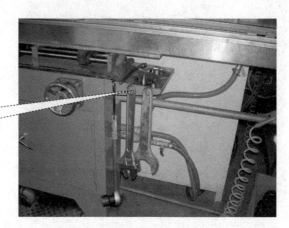

（3）对于需要不断取用、归位的工具，最好用吊挂式或放置在双手展开的最大极限之内。采用插入式或吊挂式"归还原位"，也要尽量使插入距离最短，挂放方便又安全。

（4）要使工具准确归还原位，最好以复印图、颜色、特别记号、嵌入式凹模等方法进行定位。

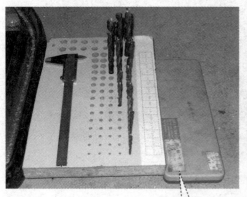 

嵌入式凹模、形迹图以便于工具"归还原位"。

工具最好能够按需要分类管理，如平时使用的锤子、铁钳、扳手等工具，可列入常用工具集中共同使用；个人常用的可以随身携带；对于专用工具，则应独立配套。

2. 切削工具类的整顿

这类工具使用率高，且搬动时容易发生损坏，在整顿时应格外小心。

（1）经常使用的应由个人保存；不常用的可以存放于"磨刀房"等处所。尽量减少该类工具的种类，以通用化为佳，可先确定必需的最少数量，将多余的收起来集中管理。

不常用的工具，可以存放于"磨刀房"等处所。

（2）刀具在存放时要方向一致，以前后方向直放为宜，最好能采用分格保管或波浪板保管，避免堆压。

（3）刀具可利用插孔式的方法，将每支刀具分别插入与其大小相适应的孔内，这样可以对刀锋加以防护，节省存放空间且不会放错位。

（4）对于锯片等刀具可分类型、大小、用途等叠挂起来，并勾画形迹，使其易于归位。

（5）注意防锈，在抽屉或容器底层铺上易吸油的绒布。

（四）整顿的注意事项

（1）在进行整顿前一定要先关上设备的电源，确保安全。

（2）设备之间不能靠得太近，以留有适合的操作空间。

（3）对于一些难以移动的重型设备，可以考虑使用一些技巧，如安装轮子等。

三、设备清扫

将设备内部和外部清扫干净并保持现场干净整洁，有利于改善员工的心情，保证产品的品质，减少设备故障。

（一）清扫前的准备

1.安全教育

企业应对员工做好清扫的安全教育，对可能发生的事故（触电、碰伤、涤剂腐蚀、坠落砸伤、灼伤等不安全因素）进行预防和警示。

2.设备常识教育

企业应对员工就设备的老化、出现的故障、可以减少人为劣化因素的方法、减少损失的方法等进行培训，使他们通过学习设备基本构造，了解其工作原理，能够对出现尘垢、漏油、漏气、振动、异常等状况的原因进行分析。

3.技术准备

技术准备是指清扫前制定相关作业指导书、相关表格，明确清扫工具、清扫重点、加油润滑的基本要求、螺丝钉卸除和紧固的方法及具体顺序步骤等。其中，要明确清扫重点，可以使用清扫重点检查表，如表8-4所示。

表8-4　清扫重点检查表

方法	重点	是	否	备注
看	1.压力表位置是否容易点检			
	2.压力表的正常值是否容易判读			
	3.油量计位置是否适当			
	4.油面窗是否干净			
	5.油量是否处于正常范围内			
	6.油的颜色是否正常			
	7.给油口的盖子是否锁紧			
	8.油槽各部位是否存在可让灰尘跑进去的空隙			
	9.给油口盖子的通气孔是否阻塞			
	10.V形皮带装置数量是否正确			
	11.V形皮带装置形式是否正确			
	12.皮带是否固定牢固、不振动			
	13.皮带及皮带轮的安全盖是否透明且容易点检			

（续表）

方法	重点	是	否	备注
看	14. 皮带及皮带轮是否正常无倾斜			
	15. 马达及减速器的联轴器是否正常无损耗			
	16. 马达及减速器是否调整正确			
	17. 减速器的润滑油是否干净、未被污染			
	18. 马达的冷却风扇是否干净无灰尘			
	19. 吸气过滤器的滤网是否干净			
听	1. 马达是否有异音			
	2. 皮带、链条是否有滑动声			
	3. 设备是否会发出奇怪的声音			
闻	气门阀运作时是否有异味产生			
触摸	1. 马达外表是否有异常的发热现象			
	2. 马达是否有振动、转动不匀的现象			
	（以下各项均须关掉设备电源进行点检）			
	3. 马达及各处的安全盖是否松动			
	4. 皮带的张力是否不足			
	5. 各部位螺丝是否有松动的状况			
	6. 各处配管是否有交叉接触现象			
	7. 各处配管是否有摩擦而致破损的状况			
	8. 设备各部位是否有漏水的状况			
	9. 设备各部位是否有漏油的状况			
	10. 如有漏水（油）的情况，应先将设备擦干净，查看漏水（油）的状况是否严重			

（二）实施清扫

（1）不仅清扫设备本身，还要对其周围环境、附属和辅助设备进行清扫。

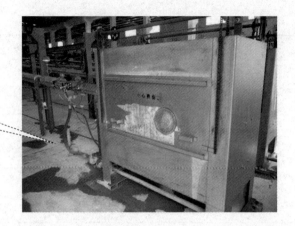

要对设备周围环境、附属和辅助设备进行清扫。

（2）对容易发生跑、冒、滴、漏部位要重点检查确认，并将漏出的油渍擦拭干净。

（3）清扫时，要特别留意油管、气管、空气压缩机等看不到的内部结构。

（4）核查并清除注油口周围有无污垢和锈迹。

（5）核查并清除表面操作部分有无磨损、污垢和异物。

（6）检查操作部分、旋转部分和螺丝连接部分有无松动与磨损，如有则通知设备管理部前来处理。

（7）每完成一台设备的清扫工作之后，都要自行检查，以确保设备干净整洁。

清扫后自行检查，确保设备干净整洁。

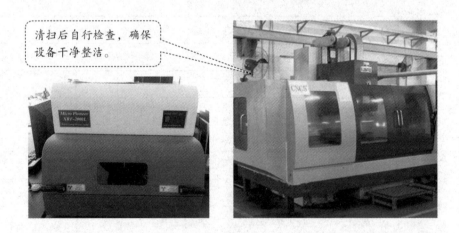

（三）查找设备的"六源"

员工在开展清扫工作的同时要注意查找设备的"六源"，具体要求如下。

1. 查污染源

污染源是指由设备引起的灰尘、油污、废料、加工材屑等，甚至包括有毒气体、有毒液体、电磁辐射、光辐射以及噪声方面的污染。设备整顿人员要寻找、收集这些污染源的信息，通过源头控制、采取防护措施等办法加以解决。

2. 查清扫困难源

清扫困难源是指设备难以清扫的部位，包括：设备周边角落；设备内部深层无法使用清扫工具的部位；污染频繁，无法随时清扫的部位；人员难以接触的区域，如高空、高温、设备高速运转部分等。解决清扫困难源的方法有：通过控制源头，采取措施使其不被污染；设计开发专门的清扫工具。

设备周边角落是清
扫困难源。

3. 查危险源

危险源是指和设备有关的安全事故发生源。由于现代企业的设备都有向大型、连续化方向发展的趋势，一旦出了事故，就会给企业乃至社会带来危害。设备安全工作必须做到"预防为主、防微杜渐、防患于未然"，必须消除可能由设备引发的事故和事故苗头，确保设备使用的元器件符合国家有关规定、设备的使用维护修理规范符合安全要求等。对特种设备如输变电、压力容器等严格按照国家的有关规定和技术标准，由有资质的单位进行定期检查和维修。

4. 查浪费源

浪费源是指和设备相关的各种能源浪费。第一类浪费是"跑、冒、滴、漏"，包括漏水、漏油、漏电、漏气，以及各种生产用介质等的泄漏；第二类是"开关"方面的浪费，如"人走灯还亮""设备空运转"，冷气、热风、风扇等方面的能源浪费。要采取各种技术手段做好防漏、堵漏工作，通过在开关处设置提示信息，帮助员工养成节约的好习惯。

5. 查故障源

故障源是指设备自身故障。要通过日常的统计分析逐步了解并掌握设备故障发生的原因和规律，制定相应的措施，以延长设备正常运转时间。例如，因润滑不良造成的故障，应加强改造润滑系统；因温度高、散热差引起的故障，应通过调节冷风机或冷却水来避免等。

6. 查缺陷源

缺陷源是指现有设备不能满足产品质量的要求。对于缺陷源，企业应寻找影响产品质量的生产或加工环节，并对现有设备进行技术改造和更新。

四、设备清洁

清洁就是对清扫后状态的保持，将前3S（整理、整顿、清扫）实施的做法规范化，并贯彻执行及维持成果。

（一）编制设备的现场工作规范

设备的现场工作规范有助于巩固前3S的成果，并将其制度化。

企业在编制现场工作规范时，要组织技术骨干，包括设备部门、车间、维护组、一线生产技术骨干，选择典型设备、生产线、管理过程进行攻关，调查研究、摸清规律、进行试验，通过"选人、选点、选项、选时、选标、选班、选路"，制定适合设备现状的设备操作、清扫、点检、保养和润滑规范，确定工作流程。

如果在保养检查中发现异常，且操作人员自己不能处理时，要通过一定的反馈途径，将保养中发现的故障隐患及时报告到下一环节，直到将异常状况处理完毕为止，并逐步推广到企业的所有设备和管理过程，最终达到台台设备有规范，各个环节有规范。要使设备工作规范做到文件化和可操作化，最好用看板、图解的方式加以宣传与提示。

（二）开展5分钟3S活动

企业应积极开展5分钟3S活动，鼓励员工每天在工作结束之后，花5分钟时间对自己的工作范围进行整理、整顿、清扫。以下是5分钟3S的必做项目。

（1）整理工作台面，将材料、工具、文件等放回规定位置。

（2）清洗次日要用的换洗品，如抹布、过滤网、搬运箱。

（3）清扫设备，并检查设备的运行状况。

（4）清理工作垃圾。

五、员工素养

开展提升员工素养活动的目的是使员工时刻牢记 5S 规范，并自觉地贯彻执行，不能流于形式。

（一）提升员工素养

要做好设备管理工作，除了规范设备日常工作以外，企业还要从思想和技术培训上提高员工的素养。

1. 养成良好的工作习惯

良好的工作习惯首先体现在正确的姿势上。要让员工在思想意识上破除"操作人员只管操作，不管维修；维修人员只管维修，不管操作"的习惯。

良好的工作习惯首先体现在正确的姿势上。

操作人员要主动打扫设备卫生和参加设备故障排除工作，将设备的点检、保养、润滑结合起来，在清扫的同时，积极对设备进行检查维护，以改善设备状况。设备维护修理人员要认真监督、检查、指导使用人员正确使用、维护保养好设备。

设备维护修理人员要认真监督、检查、指导使用人员正确使用、维护保养好设备。

2. 人员的技术培训

企业应对设备操作人员进行技术培训，让每个设备操作人员真正做到"三好四会"。"三好"即管好、用好、修好，"四会"即会使用、会保养、会检查、会排除故障。

（二）定期考核评估

1. 对设备管理工作进行量化考核和持续改进

5S 管理中，提高员工技术水平，改善员工工作环境，有效开展设备管理的各项工作，要靠组织管理、规章制度以及持续有效的检查和考核来保证。

企业应对开展 5S 管理活动前后产生的效益进行对比分析，并制定各个阶段更高的目标，做到持续改进，让经营者和员工看到变化与效益，从而真正调动全员的积极性，变"要我开展 5S 管理"为"我要开展 5S 管理"，避免出现"一紧、二松、三垮台、四重来"的现象。

对比分析应围绕生产率、质量、成本、安全环境、劳动情绪等进行。对设备进行考核统计的指标主要有规范化作业情况、能源消耗、备件消耗、事故率、故障率、维修费用和设备有关的废品率等。

企业应根据分析结果，以一年为周期，不断制定新的发展目标，实行目标管理。实施过程中要建立设备主管部门、车间、工段班组、维护组、操作人员等多个环节互相协助、交叉的检查考核体系，同时要确保考核结果与员工的奖酬、激励和晋升相结合。

2.5S 的评估

设备 5S 的评估是对 5S 活动的定期总结，有利于发现不足并持续改善。企业可采用表 8-5 所示的形式进行设备 5S 的评估。

表 8-5　设备 5S 的评估

第一步骤（不正常部位的发现）		所属单位	部班
		评估人	

项目	评估重点	得分
传动部位	1. 减速机的油液面标示是否清楚	
	2. 马达、减速机、皮带、链条、电磁离合器等是否有异响和打滑的声音	
	3. 安全护盖是否安装牢固	
	4. 皮带张力是否设定	
	5. 马达空间冷却风扇是否积存污垢	
油、空压	1. 泵、电磁阀、接头等处是否漏油	
	2. 压力表是否正确显示数值及是否可正常归零	
	3. 给油口的封盖是否栓紧	
	4. 空压气动三元件、定位是否适当及正确使用	
	5. 配管、固定夹是否有松脱现象	
电气	1. 电压、电流表示的界限数值是否正确	
	2. 照明类灯管是否亮，灯罩有无不良现象	
	3. 极限开关、光电开关、近接开关是否沾有水、油、粉尘	
	4. 是否存在机器破损或安装不良（松动）现象	
	5. 配线、配管、软管有无松脱	
螺丝、螺帽	1. 是否有松动（适当锁紧：M10-280 千克／厘米）	
	2. 安装孔的附近是否放置螺丝或螺帽（马达、减速机、汽缸、轴承、电磁阀、极限开关等）	
	3. 螺丝的长度是否超出螺帽 2 ~ 3 个螺牙度	
	4. 调整螺丝的固定螺帽是否有松动现象	
	5. 会产生振动的部件是否使用了齿形垫圈	
评定：好——5 分，普通——3 分，差——1 分	总分	

第二节　设备的目视管理

目视管理是利用形象直观、色彩适宜的各种视觉信息和感知信息组织现场生产活动，以提高劳动生产率的管理方式。目视管理是能看得见的管理，能够帮助员工用眼看出工作的进展是否正常，并迅速做出判断和决策。在现场巡视时，现场管理人员可以通过目视化工具了解同类型设备的运行速度或不同时段同一台设备的运行速度是否有异常情况，掌握人机稼动、物品流动等是否合理、均一。

一、目视管理的手段

对于设备故障、停机等情况，企业可以使用目视管理的手段和工具对设备进行预防管理。具体地说，目视管理主要有以下几种手段。

（一）设备定置管理

设备定置管理是以生产现场的设备为主要对象，研究和分析人、物、场所的情况以及它们之间的关系，并通过整理、整顿来改善生产现场条件，促进人、机器、原材料、制度和环境有机结合的一种方法。设备定置管理主要包括三个方面的内容，如表 8-6 所示。

表 8-6　设备定置管理的内容

序号	项目		具体内容
1	区域定置	A 类区	放置 A 类物品。例如，在用的工、卡、量、辅具，正在加工、交检的产品，正在装配的零部件等
		B 类区	放置 B 类物品。例如，计划内投料毛坯、待周转的半成品、待入库件、待料、临时停滞料（因工艺变更）等
		C 类区	放置 C 类物品。例如，废品、垃圾、料头和废料等

（续表）

序号	项目	具体内容
2	设备、工装定置	（1）根据设备管理要求,划分设备类型（精密、大型、稀有、关键、重点等设备）并进行分类管理 （2）按照工艺流程,合理定置设备 （3）合理定置设备附件、备件、易损件、工装,并加强管理
3	作业人员定置	（1）人员实行机台（工序）定位 （2）某台设备、某道工序缺少作业人员时,要在保证生产不间断的情况下调整操作人员 （3）鼓励员工一专多能

（二）看板管理

看板是现场目视管理的工具,其特点是一目了然、使用方便。因为生产现场的员工和管理者无法花费很多时间来浏览看板上的内容,所以看板上的内容应尽量以图表、标志为主,以文字为辅,即使从远处也能一看便知。看板设置得好坏,直接影响看板管理的实施效果。一般来说,制作看板要注意以下要点,如图 8-1 所示。

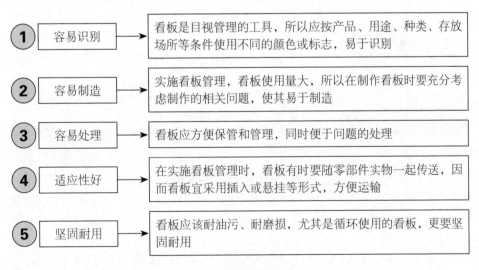

① 容易识别 → 看板是目视管理的工具,所以应按产品、用途、种类、存放场所等条件使用不同的颜色或标志,易于识别

② 容易制造 → 实施看板管理,看板使用量大,所以在制作看板时要充分考虑制作的相关问题,使其易于制造

③ 容易处理 → 看板应方便保管和管理,同时便于问题的处理

④ 适应性好 → 在实施看板管理时,看板有时要随零部件实物一起传送,因而看板宜采用插入或悬挂等形式,方便运输

⑤ 坚固耐用 → 看板应该耐油污、耐磨损,尤其是循环使用的看板,更要坚固耐用

图 8-1　制作看板的要点

（三）红牌作战

红牌是指用红色的纸制作成的问题揭示单。其中，红色代表警告、危险、不合格或不良。问题揭示单记录的内容包括责任部门、对存在问题的描述和相应的对策、要求完成整改的时间、完成的时间以及审核人等。红牌作战的实施程序如图 8-2 所示。

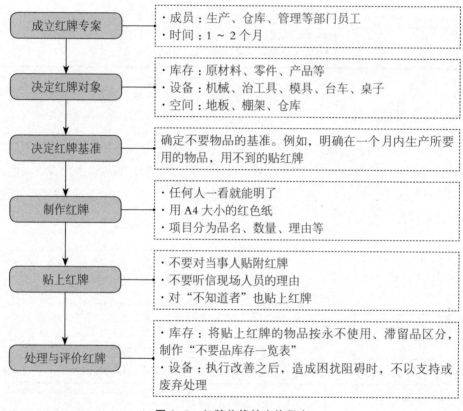

图 8-2　红牌作战的实施程序

（四）颜色管理

颜色管理是运用人们对不同颜色的心理反应以及人们的分辨能力和联想能力，将企业内的管理活动和实物披上一层有色的外衣，使管理方法可以利用红、黄、蓝、绿几种颜色区分。例如，当设备出现问题时，让员工自然、直觉地联想到标志灯，达到让每一个人对问题都有相同的认识和解释的目的。

一般而言，只要掌握色彩的惯用性、鲜明性及对应的明确意义，在不重复使用的情况下即能发挥颜色管理的效果。颜色管理的应用如图 8-3 所示。

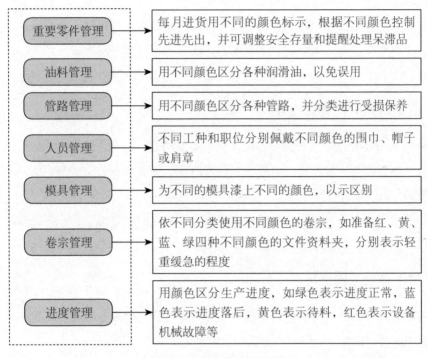

图 8-3　颜色管理的应用

（五）识别管理

需要进行识别管理的项目有设备名称、管理编号、精度校正、操作人员、维护人员、运作状况、设备位置、安全逃生路线、生命救急装置和操作流程示意。识别管理可采取以下几种方法。

（1）画出大型设备的具体位置。

（2）在显眼处悬挂或粘贴标牌、标贴。

（3）为特殊设备规划专用场地并设警告提示。

（4）危险区域设置颜色鲜艳的隔离装置或紧急停止装置。

（5）设备作业时有声音、灯光提示。

二、目视管理的应用

（一）作业指示看板

企业可以在每台设备的旁边设置一个作业指示看板，用以提示该设备的操作要点。这个看板不但可以提醒作业人员注意，还可以协助那些对作业不熟悉的人员进行提前训练。

（二）运用颜色管理仪表

设备上的仪表一般用来显示该设备某个部位的运行情况。仪表上的数字或者刻度也是目视管理的一种方法，但每一个仪表所代表的意义不一定一样，所以很容易产生辨识上的困难。

为了增强仪表的易辨性与功能性，也为了让员工能够看懂它们，在必要时能立即处理异常情况，企业可以用颜色区分不同的仪表。

（三）停机原因看板

设备故障、材料供应不上、换模具、保养等都会造成设备的停机，这些停机原因中有一些是正常停机，有一些是管理上的问题。

为了帮助相关人员了解停机原因，也为了能够尽快解决问题，企业可以在设备上安装一个停机原因看板。只要设备一停机，作业人员就可以在这个看板上显示停机原因，方便相关人员快速寻求对策。

（四）停机状况显示看板

不管设备基于什么原因停机，企业的生产活动总会因此受到影响。如果在企业显眼的地方设置一个设备停机状况显示看板，用来显示当天的总停机时数，便会引起相关人员的重视并使停机问题迅速得到解决。当然，如果能将停机所造成的损失一并显示出来的话，效果会更好。

下面提供一份某企业设备停机状况看板的范本，供读者参考。

××实业有限公司机加工车间6月10日设备停机状况看板

机台名称	停机原因	停机时数	停机损失
冲床	螺丝松脱	8分钟	280元
铣床	送料卡住	6分钟	120元
钻床	钻头断裂	10分钟	400元
数控车床	程序错误	20分钟	1 500元
当日停机总损失			2 300元

（五）责任者看板和日常保养检查看板

对一般设备进行的保养按照保养程度的不同可以分成三级，最基础级的日常保养由现场的作业人员负责。到底作业人员有没有做好设备的日常保养？每台设备的日常保养应该由谁负责？如果管理者不能有效地掌握这些情况，就无法做好设备的日常保养。而且，日常保养如果做得不彻底，对产品质量和设备寿命都会有影响。因此，让现场作业人员重视日常保养工作的最佳方法还是目视管理。

（六）保养确认单

企业会定期为设备安排各种保养，这时可以用目视管理掌握相关人员是否按照预定进度执行了工作。例如，每三个月要对设备做一次二级保养。为了能更明确地掌握状况，企业可以设计一份"设备保养确认单"，完成设备保养后即可将"设备保养确认单"贴于设备上。"设备保养确认单"样例如表8-7所示。

表8-7 设备保养确认单

部门：		日期：___年__月__日		编号：	
设备设施名称／位置		填报人		☐ 日常维修 ☐ 大修 ☐ 中修	
		接单时间			

（续表）

报修内容		开工时间		☐ 小修 ☐ 保养 保养周期：
		完工时间		
维修/保养内容				
维修/保养材料及费用	名称	型号	数量	单价（元）	合计（元）	备注
	合计（大写）：					
备注				
执行人		审核/日期		

注：长期外包项目的日常维修保养，如费用在合同范围内发生，可不填写此表。

（七）一条直线法

通常，人们用螺丝来固定设备上两个不能焊死的部分。但是，设备在长时间使用后会出现螺丝松动的现象。解决这个问题的办法是，将螺丝拧紧后，在螺丝和设备或螺丝和螺丝帽之间画一条直线。一旦螺丝松动，这条线就会发生偏差，操作人员可立即采取紧固措施。

三、目视管理的推进

实施目视管理，首先要彻底推动5S。5S是实施目视管理最基本的工具，只有通过实施5S，彻底做好整理、整顿，并改善材料、零件、产品等存放位置的布置和保管方法，目视管理才可以实施。

（一）建立目视管理体系

企业可以按工作场所的工作别、个人别建立一目了然的目视管理体系，明确每个人的作业内容、作业量和作业计划进度等，以把握现状，并可在发现问题后迅速采取有效对策。

（二）设定管理目标

开展某项活动时，企业必须制定评价活动实绩或成果的管理指标，作为生产或事务现场的行动基准。这样管理者便可通过管理指标设定的目标，积极地指导下属完成目标。

（三）选择目视管理工具

在实施目视管理时，企业可利用海报、看板、图表、各类标示、标记等工具正确传达信息，使全员了解生产流程的正常或异常状态，了解判定事态的标准和采取行动的标准。因此，目视管理要具体可行，必须根据设定的管理项目准备目视管理工具。

（四）定期赴现场评价

实施目视管理时，评审人员必须借助查检表定期到工作场所进行评价，以测定各阶段的实施情况与程度，同时指出受评者的优缺点，以利于受评者努力维持优点，设法改正缺点。

（五）举行发表会和表扬大会

为了使目视管理活动多样化，除了评价实施情况以外，企业还要举行发表会，让所有员工了解目视管理活动所有参与者的成果，并举行表扬大会，给予优胜部门肯定。为了公平、公正、公开起见，评价结果要通过合理的查检表显示。

第三节　导入危险预知训练

安全环境的保全要点是在事前防止，TPM 通过成立安全环境保全专业组的形式，在全公司范围内按步骤、分阶段、有计划地导入危险预知训练（Kiken Yochi Training，KYT），将公司的安全工作标准化，同时通过改善提案的形式发动全员创建安全的工作环境。从规范和训练人的安全行为意识开始，通过危险预知的教育、危险状况模拟训练以及分析和查找现场不安全因素，制定整改措施等活动，使工作现场的安全事故为零。

一、设备事故的发生原因

设备事故的发生有多种原因，企业在进行处理时要做到及时、有效。

（一）设备的不安全状态

设备的不安全状态包括两个方面，如表8-8所示。

表8-8　设备的不安全状态

序号	状态	说明
1	防护、保险、信号等装置缺乏或有缺陷	（1）无防护：无防护罩、无安全保险装置、无报警装置、无安全标志、无护栏或护栏损坏、设备电气未接地、绝缘不良、噪声大、无限位装置等 （2）防护不当：防护罩没有安装在适当位置、防护装置调整不当、安全距离不够、电气装置带电部分裸露等
2	设备、设施、工具、附件有缺陷	（1）设备在非正常状态下运行：设备带"病"运转、超负荷运转等 （2）维修、调整不良：设备失修、保养不当、设备失灵、未加润滑油等 （3）强度不够：机械强度不够、绝缘强度不够、起吊重物的绳索不符合安全要求等 （4）设计不当：结构不符合安全要求，制动装置有缺陷，安全间距不够，工件上有锋利毛刺、毛边，设备上有锋利倒棱等

（二）操作人员的不安全行为

操作人员的不安全行为表现在图8-4所示的九个方面。

 表现一 ▷ 操作错误、忽视安全、忽视警告，包括未经许可开动、关停、移动机器，开动、关停机器时未给信号，开关未锁紧造成意外转动，忘记关闭设备，忽视警告标志、警告信号，操作错误，供料或送料速度过快，机械超速运转，冲压机作业时手伸进冲模，违章驾驶机动车，工件刀具紧固不牢，用压缩空气吹铁屑等

图8-4　操作人员的不安全行为

| 表现二 | 使用不安全设备。临时使用不牢固的设施，如工作梯；使用无安全装置的设备，所拉临时线不符合安全要求等 |

| 表现三 | 设备运转时进行加油、修理、检查、调整、焊接或清扫等活动 |

| 表现四 | 因调整错误拆除了安全装置，造成安全装置失效 |

| 表现五 | 用手代替工具操作，如用手清理切屑、用手拿工件进行机械加工等 |

| 表现六 | 攀、坐不安全位置，如平台护栏、吊车吊钩等 |

| 表现七 | 不按要求进行着装。如在有旋转零部件的设备旁作业时，穿着过于肥大、宽松的服装；操纵带有旋转零部件的设备时戴手套；穿高跟鞋、凉鞋或拖鞋进入车间等 |

| 表现八 | 在必须使用个人防护用品的作业场所中，没有使用个人防护用品或未按要求使用防护用品 |

| 表现九 | 无意或为排除故障而接近危险部位，如在无防护罩的两个相对运动零部件之间清理卡住物时，可能造成挤伤、夹断、切断、压碎或因人的肢体被卷进而造成严重的伤害 |

图 8-4　操作人员的不安全行为（续图）

（三）技术和设计上的缺陷

技术和设计上的缺陷如表 8-9 所示。

表 8-9　技术和设计上的缺陷

序号	缺陷类别	说明
1	设计错误	设计错误包括强度计算不准、材料选用不当、设备外观不安全、结构设计不合理、操纵机构不当、未设计安全装置等。即使设计人员选用的操纵器是正确的，如果在控制板上配置的位置不当，也可能使操作人员混淆而发生操作错误，或不适当地增加了操作人员的反应时间而忙中出错。预防事故应从设计开始。设计人员在设计时应尽量采取避免操作人员出现不安全行为的技术措施并消除机械的不安全状态。设计人员还应注意作业环境设计，不适当的操作位置和劳动姿态都可能使操作人员产生疲劳或思想紧张而容易出错

（续表）

序号	缺陷类别	说明
2	制造错误	即使设备的设计准确无误，但制造设备时发生错误，也容易成为事故隐患。在生产关键性部件和组装时，应特别注意防止发生错误。常见的制造错误有加工方法不当、加工精度不够、装配不当、装错或漏装了零件、零件未固定或固定不牢。工件上的划痕、压痕、工具造成的伤痕以及加工粗糙都可能造成设备在运行时出现故障
3	安装错误	安装时，旋转零件不同轴，轴与轴承、齿轮啮合调整不好，过紧或过松，地脚螺栓拧得过紧，设备内遗留工具、零件、棉纱而忘记取出等，都可能使设备产生故障
4	维修错误	（1）没有定时对运动部件加润滑油，在发现零部件出现恶化现象时没有按维修要求更换零部件等 （2）当设备大修重新组装时，可能会发生与新设备最初组装时类似的错误 （3）安全装置失效而没有及时修理，设备超负荷运行而未制止，设备带"病"运转等

（四）管理缺陷

（1）无安全操作规程或安全规程不完善。

（2）对规章制度执行不严，有章不循。

（3）对现场工作缺乏检查或指导错误。

（4）劳动制度不合理。

（5）缺乏监督。

二、KYT 的定义与活动导向

（一）KYT 的定义

危险预知训练简称 KYT，是针对生产的特点和作业工艺的全过程，以其危险性为对象，以作业班组为基本组织形式而开展的一项安全教育和训练活动。它是一种群众性的"自我管理"活动，目的是控制作业过程中的危险，预测和预防可能发生的事故。KYT 的定义示意如图 8-5 所示。

KYT
训练（Training）
训练有素
预知（Yochi）
预先掌握
危险（Kiken）
不安全的状态

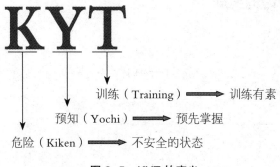

图 8–5 KYT 的定义

（二）KYT 的起源

KYT 起源于日本住友金属工业公司的工厂，后经三菱重工业公司和长崎赞造船厂发起的“全员参加的安全活动”，经日本中央劳动灾害防止协会的推广，形成了技术方法。它获得了广泛的运用，遍及各个企业，我国宝山钢铁股份有限公司首先引进了此项技术。

（三）KYT 的适用范围

KYT 的适用范围为通用的作业类型和岗位相对固定的生产岗位作业；正常的维护检修作业；班组间的组合（交叉）作业；抢修抢险作业。

（四）KYT 的活动导向

KYT 的活动导向如图 8–6 所示。

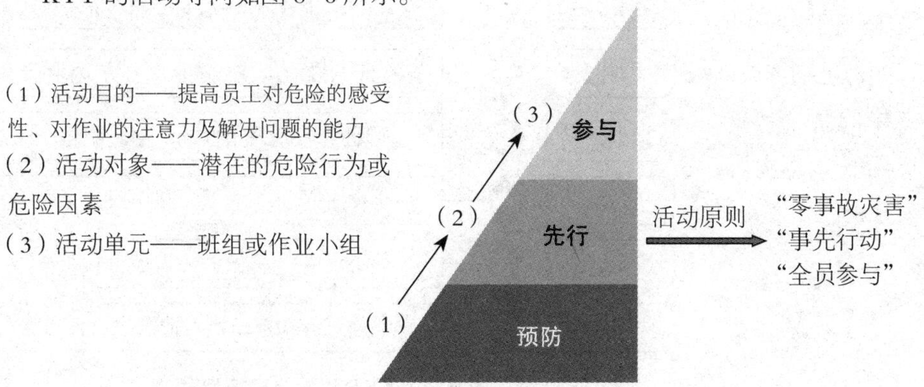

（1）活动目的——提高员工对危险的感受性、对作业的注意力及解决问题的能力
（2）活动对象——潜在的危险行为或危险因素
（3）活动单元——班组或作业小组
（3）
参与
（2）
先行
（1）
预防
活动原则
“零事故灾害”
“事先行动”
“全员参与”

图 8–6 KYT 的活动导向

三、KYT 活动的实施

（一）实施要点

企业可运用解决问题的四步循环来开展 KYT，具体如表 8-10 所示。

表 8-10　解决问题的四步循环

实施步骤			KYT	实施点
观察 ↓	1R	把握事实（现状把握）	存在什么潜在危险	基本是现场的实物
考虑 ↓	2R	找出本质（追究根本）	这是危险的关键点	不遗漏任何危险部位
评价 ↓	3R	树立对策	要是你的话怎么做	可实施的具体对策
决定 ↓	4R	决定行动计划（目标设定）	我们应当这么做	对 ×× 这么 ××
实践				
总结 / 评价				

（二）KYT 活动的实施步骤和基本方法

KYT 活动的实施步骤如图 8-7 所示。如选定图片或以工作中的某个情景，由班组长介绍内容，大家分析。

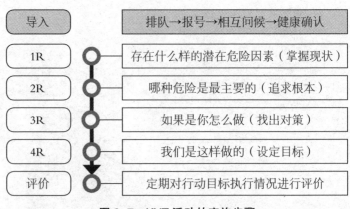

图 8-7　KYT 活动的实施步骤

KYT 活动实施的基本方法如表 8-11 所示。

表 8-11 KYT 活动实施的基本方法

步骤		操作说明
1R	掌握现状：到底哪些是潜在的危险因素（最好结合大家熟悉的或岗位的危险源为对象）	认为哪个地方比较危险，会出现什么事故 （1）让大家发言 （2）假定将来可能出现什么样的危险及可能的事故 （3）将涉及危险因素的项目列 5 ~ 7 个 （4）小组成员一般为 5 ~ 7 人，每人至少提一条
2R	追求根本：这才是主要危险的因素	（1）每人提出 1 ~ 2 条自己认为最危险的项目，在认为有问题的项目旁标记 "○" （2）问题要集中化、重点化，最后形成大家公认的最危险的项目（合并为 1 ~ 2 个项目）；标记 "◎" 的项目为主要的危险因素 （3）列出 1 ~ 2 项集中化的危险项目 表述为："由于…原因导致发生…的危险"，可领着成员读两遍
3R	找出对策：如果是你怎么做	想对策，怎么解决问题 （1）根据最危险的因素,每人提出 1 ~ 2 条具体可实施的对策措施 （2）将 5 ~ 7 项对策措施合并为 1 ~ 2 项最可行的对策
4R	设定目标：我们是这样做的	想出对策，每人设一目标 （1）将目标合并为 1 ~ 2 项 （2）设定团队行动目标

（三）情景演练

以下为某企业开展的 KYT 活动，仅供读者参考。

> **情景：**
> 驾驶叉车的A员工急于将材料搬出；路线一边的B员工正在作业未注意来车，如下图所示。

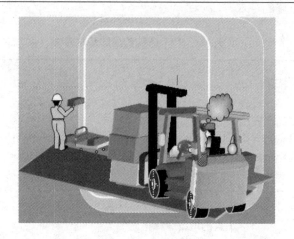

题目：叉车作业

1R：有什么潜在危险? 　　　　　危险！

①. 因物品堆放过高，会挡住视线造成事故

2. 因未戴安全帽，可能会被物品砸伤

③. 因车子速度快，会刹不住车而撞到人 危险！

4. 因在走道上作业，会被车撞到

⑤. 因载物过高，未倒退行驶，会撞到人及物 危险！

6. 因料架未堆放好，物品可能会掉落而砸伤人

3R：树立对策（假如是你该怎么办？）

4R 我 们 要 这 么 做

❖1-1 物品堆放不要影响视线

❖3-1 车子装置超速警报器

3-2 轮子位置划十字线，以方便目视管理

5-1 物品影响视线时，倒退行驶

小组行动目标：

装置报警器及做高度标识。

重点确认事项：

勿超高、超速。

天天零灾害。

（四）实施时的注意事项

员工危险感知度不是一次就能做好的，必须反复训练，坚持 PDCA 循环进行固化、改善和提高，如图 8-8 所示。

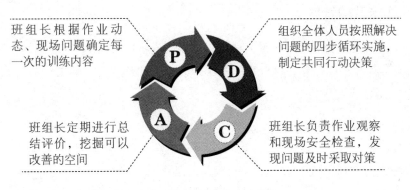

班组长根据作业动态、现场问题确定每一次的训练内容

组织全体人员按照解决问题的四步循环实施，制定共同行动决策

班组长定期进行总结评价，挖掘可以改善的空间

班组长负责作业观察和现场安全检查，发现问题及时采取对策

图 8-8 KYT 的 PDCA 循环

四、KYT 活动卡片的填写与管理

（一）卡片的内容及填写

KYT 活动卡片（见表 8-12）的内容应针对现场实际情况认真填写记录，且必须是在现场和作业开始前完成，确认人必须是作业人员本人。

表 8-12 KYT 活动卡片

作业地点		作业时间								
作业人员		负责人								
作业内容	危险因素描述（危害及后果）	类别（4M1E）						重要性		对策
		人	机	料	法	环	其他	重要	一般	

确认人：　　　　　　　　　　　　　　　　班长：

对卡片中危险因素的查找及描述，应针对各个作业环节可能产生的危险因素、人的不安全行为和可能导致的后果进行。对发现的重要危险因素要采取相应的防范措施。

（二）卡片的管理

KYT 卡片的收集整理要有专人负责，并编制成册加以保存。卡片的保存时间一般为班组半年和车间一年，保存期间的卡片要作为班组员工开展安全教育的材料，供开展 KYT 活动使用。

第九章

TPM教育培训

教育培训的目的是培养新型的、具有多种技能的员工。不论是作业部门还是保养部门，仅有良好的愿望还难以把事情做好，因此企业必须加强设备操作员工技能的训练和提高。培训和教育训练不仅是培训部门的事，也是每个部门的职责，并且应成为每位员工的自觉行动。

第一节 TPM教育培训的层次与内容

为了扎实推进 TPM 活动，开展多层次、持续性的教育培训是非常必要的。针对不同的对象，企业可以将教育培训划分为以下几个层次。

一、基层员工

企业一方面应对基层员工进行改变旧观念的教育，帮助他们树立"谁用机器谁维护"的意识；另一方面对他们进行设备结构、点检、处理方法等基础知识和技能的培训，帮助他们学会进行自主保全。为了适应设备管理现状，推进 TPM 活动，企业可将设备管理拓宽到品质保证和保全等活动范围。这里需要注意的是，所需的技术、技能必须全部传授给员工。

（一）设备操作人员的训练内容

一般来说，操作人员应进行以下相关内容的训练。

（1）电业安全工作规程、运行操作规程、事故处理规程、技术等级标准、岗位规范和有关规程制度。

（2）历年发生的事故的分析、积累的设备异常情况资料汇编和反事故技术、措施等。

（3）现有设备和新设备的构造、原理、参数、性能、系统布置和运行操作方法。

（4）安全、经济的运行方式和先进工作方法。

（5）设备检修或异动后对新技术的运用。

（6）季节变化对设备运行的影响及预防措施。

（7）设备运行专业理论或操作技能示范等。

（二）设备维修人员的训练内容

设备维修人员的训练内容如下。

（1）电业安全规程、现场检修（试验）规程、检修工艺规程、技术等级标准、岗位规范及有关规程制度等。

（2）本企业发布的事故快报、事故通报、事故资料汇编及反事故措施等。

（3）现有设备及新设备的构造、原理、性能、系统布置和一般运行知识。

（4）检修工具和器具、试验仪器、仪表的使用方法。

（5）设备的检修方法和检修质量验收标准。

（6）新技术、新工艺的应用。

（7）检修（试验）专业理论和操作性能示范等。

二、中层管理人员

企业应对中层管理人员进行比较全面的 TPM 知识的教育培训，帮助他们深刻理解 TPM 的宗旨、目标、内容和方法，使他们能够明确各部门在 TPM 推行活动中的位置和作用，并能够将 TPM 要求与本部门的业务有机地结合起来，策划和开展好本部门的工作。

三、各级 TPM 工作组织

高层工作组织应系统学习 TPM 知识，以便能够给领导层当好参谋，整体策划 TPM 体系，指导各部门工作；基层工作组织需要有针对性地学习 TPM 某一方面的专业知识，如"目视化管理"的方法。

四、领导层

对领导层的培训内容包括推行 TPM 的意义和重要性的教育，使他们能够从战略的视角看待 TPM 的推行工作。

教育培训是提高员工能力的手段，企业必须进行持续不断的培训，并对同一内容进行反复教育培训。不同的 TPM 推进阶段应有不同的训练内容，训练形式也应多样且有趣活泼，如开展单点课程、知识竞赛等。

第二节 TPM教育培训方式——OJT

在传统的生产模式中，很多员工凭经验操作设备。然而，随着工业技术的发展，设备更新越来越快，凭之前的经验已经不足以操作它们。因此，企业应当改变经验性的操作模式，在TPM的推行过程中，通过对员工进行OJT，完善设备操作标准，使员工的作业趋向一致性，最后形成按标准操作的模式。

设备OJT以不离开现场为要求，以对电气、仪表、程控计算机的生产制程控制（以下简称"程控"）为训练要点。以下是OJT的实施步骤。

一、设备OJT的受训对象

企业在开展OJT时的一项重要工作是要确认OJT的受训对象。首先要明确受训者完成生产现场各种作业所需要的能力，这里所说的能力是指与作业相关的知识、顺序、作业要点、应该达到的品质水准、作业速度等；然后对分配至生产线的作业人员、维修人员的能力进行评价，找出其与必备能力的差距。因为受训者对设备的认知度、能力不一样，对其培训的内容及重点就不同。

操作人员在执行TPM的过程中，一般需要具备表9-1所示的技能。

表9-1 操作人员的技能要求

序号	技能	具体要求说明
1	具备发现和改善设备问题点的能力	（1）能够发现设备的问题点 （2）理解给油的重要性，掌握正确给油的方法和给油确认方法 （3）能够理解清扫的重要性并掌握正确的清扫方法 （4）理解切削粉末、冷却用品的飞溅问题的重要性，并能够对其进行改善 （5）能够自觉对发现的问题进行复原或改善

（续表）

序号	技能	具体要求说明
2	熟悉设备的功能和结构，具备找出造成异常现象原因的能力	（1）掌握设备在结构上需要注意的事项 （2）能够完成对设备的清扫和点检 （3）了解判断异常的基准 （4）了解发生异常的原因 （5）能够正确判断停止设备运行的必要性 （6）能够进行简单的故障诊断
3	理解设备和品质之间的相关性，具备能够预知和发现品质异常的能力	（1）对现象能够进行物理方面的分析 （2）了解品质特性和设备之间的相关性 （3）了解设备的静态、动态精度需要维持的范围，并能够进行点检 （4）了解造成不良的原因
4	具备修理能力	（1）能够更换零部件 （2）能够判断零部件的寿命 （3）能够追踪故障发生的原因 （4）能够实施应急措施 （5）能够支援分解点检
5	具备单独解决发生在自己业务范围内的问题的能力	（1）关注作业当中的浪费现象，能够缩短清扫、给油、点检、准备作业及调整的时间 （2）能够进行故障、瞬间停止方面的预防措施 （3）能够进行切削工具的更换和切削工具使用寿命的改善 （4）能够进行速度损失的改善 （5）能够预防品质不良的发生 （6）能够进行顺序损失的改善 （7）能够进行设备安全和操作安全的改善 （8）具备与上级沟通协商的能力

二、设备 OJT 的步骤

（一）学习准备

在学习准备阶段，培训者要使受训者保持平心静气的状态，只有这样才有利于其充分吸收培训的知识。同时，要努力使受训者进入正确的状态，比如在培训中，面对面不是一个很好的方式，培训者与受训者肩并肩，共同面对要操作的设备，这不仅有利于降低受训者的压力，也有利于提升其理解力。

（二）传授工作

简单地说，传授工作就是"说给你听""做给你看"，告诉受训者设备操作与维护每一步骤的注意事项。培训者要避免使用过于专业的术语，要考虑受训者的理解能力和认知能力。

（三）试做

试做就是"他说他做""你看你纠正"。受训者试做时不能只做不说，培训者应要求受训者在设备操作与维护的同时复述每一步需注意的事项。可想而知，这对受训者有很大的难度，当受训者犯错时，培训者要及时帮助受训者纠正错误，并要有足够的耐心，鼓励其多做练习，直至受训者熟练掌握技能为止。

（四）考验成效

OJT 的最后一个步骤是考察员工设备操作与维护的提升成效。此时，要找一些技能娴熟的老员工，让老员工与受训者组成一对一的师徒关系，当受训者遇到难题时，师傅负责教他应该如何做，并及时鼓励。

第三节　TPM教育培训的工具——OPL

OPL 是 TPM 小组成员之间交流知识分享经验的最有效途径之一，他将员工在实际工作中暴露出的知识盲点、设备故障、品质不良、操作失误、安全隐患等处理方法，以及优秀改善实例等制作成 OPL，向其他员工进行培训、讲解、分享。

一、OPL 的基本含义

OPL 即"单点教育"，又称为一点课或"我来讲一课"，是一种在工作过程中进行培训的教育方式。因 OPL 培训一般是利用上班前较短的时间（以不超过 10 分钟为宜）来完成的。因此，它还有一个名称，即 10 分钟教育。

OPL 是 TPM 的三大工具之一。OPL 教材由小组成员自己编写，是一种用于交流经验和自我学习的课程，能帮助 TPM 小组交流和分享有关工作、生产和设备方面的知识，包括基础知识、出现的问题和改进之处，内容可以是来自各个方面的基本原理、内部结构、工作方法、检查方法和局部改进等，时间一般控制在 5 ~ 10 分钟。员工通过自学能基本掌握有关内容。OPL 内容来自实际工作，对学习者有很强的针对性，由于篇幅短小精悍，制作简便，各层次人员均可使用。

在日常工作中，我们经常会发现，要让员工获得一种新技能，需要花较长的时间组织培训，通常非常困难，而且即使组织了几次培训，也会因为培训方式和缺乏实践等问题，其内容很快被人忘记，而采用 OPL 这个工具，就可以利用日常会议和生产过程中短暂的时间进行培训，同时它也是我们开展设备自主性维护活动的有效工具。可以说，OPL 对车间组织小规模培训来讲，是一件很有效的培训工具。

OPL 的特点如下。

（1）对象灵活：可以是一个老师一个学生，也可以是一个老师几个学生。

（2）话题单一：每次只讲一件事，弄清楚一个技术点。例如，怎么传程序、怎么校吊具、怎么做标定。

（3）时间自由：一般不超过 10 分钟，可以利用班组会、工作间歇等任何时间讲解。

（4）地点随意：可以在班组、设备现场等任何可以实施的场合讲解和演示。

OPL 的设想是，与其等待时间集中培训，不如积少成多，在点的积累中达到员工技能提升的目的。

二、OPL 的目的与内容

（一）OPL 目的

OPL 作为掌握设备的知识、技能、故障案例、改善案例等相关内容的方法，能够提高被教育者在短时间内不断掌握相关知识的能力，并提高业务小组的整体能力。

（二）内容

如果是 TPM 方面的 OPL，那么要与自主保养、设备保养等方面相关。其他内容一般包括设备结构知识、设备污染源控制方法、清扫困难源改善方法、故障隐患及安全隐患的解决方法、设备清扫规范、设备点检规范、设备保养规范、改善提案或合理化建议等，题目要与现场活动相结合。

三、OPL 的要求

OPL 作为一种特殊形式的 OJT，它有以下几点要求。

（一）课程内容——一次一件（点）

OPL 课程只有一项，所以叫"单点、一点"。题目不能太大，要能在 10 ~ 20 分钟讲完。

（二）教材只有一页，要图文并茂——一件一点（页）

OPL 课程一般是利用班前会较短的时间来完成培训的，所以编辑教材时，必须做到简单明确、条理清楚、字体整齐、能够让人一看就清楚。用图片来展示相关内容是 OPL 课程的基本模式。

例如，在讲解设备结构知识时，要有设备构造的照片或示意图；在讲解设备点检规范时，要有设备点检部位的示意图。

OPL 教材的文字要简洁，这样就可以比较容易地在一页纸上进行充分表达。

OPL 教材示例如表 9-2 所示。

表 9-2　OPL 教材示例

主题	贴标机一般故障排除 OPL		编号	TPM-005
编制人	黄 ××	编制时间　××年×月×日	课时	5 分钟
审核人	王 ××	审核时间　××年×月×日	维护人员	作业人员
	基础知识			
	功能：将型号标记按照设定的参数自动贴到包装箱上			
	作用：改变人工贴标，实现设备自动贴标，减小劳动强度，提高效率			
	关键部件：控制系统、调节手柄、机芯、标签剥离器、漏贴检测光电、带盘架			

（续表）

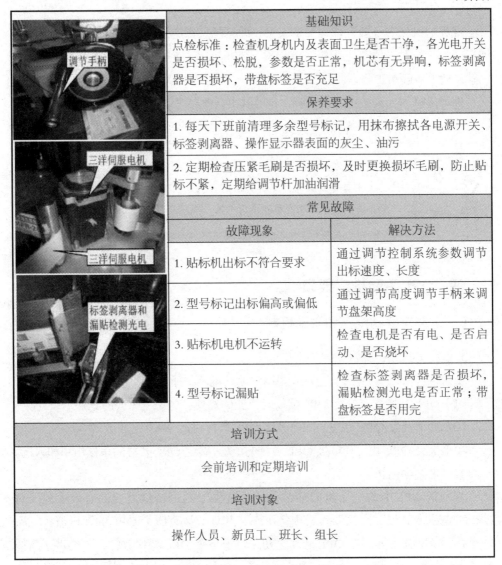

基础知识		
点检标准：检查机身机内及表面卫生是否干净，各光电开关是否损坏、松脱，参数是否正常，机芯有无异响，标签剥离器是否损坏，带盘标签是否充足		
保养要求		
1. 每天下班前清理多余型号标记，用抹布擦拭各电源开关、标签剥离器、操作显示器表面的灰尘、油污		
2. 定期检查压紧毛刷是否损坏，及时更换损坏毛刷，防止贴标不紧，定期给调节杆加油润滑		
常见故障		
故障现象		解决方法
1. 贴标机出标不符合要求		通过调节控制系统参数调节出标速度、长度
2. 型号标记出标偏高或偏低		通过调节高度调节手柄来调节盘架高度
3. 贴标机电机不运转		检查电机是否有电、是否启动、是否烧坏
4. 型号标记漏贴		检查标签剥离器是否损坏，漏贴检测光电是否正常；带盘标签是否用完
培训方式		
会前培训和定期培训		
培训对象		
操作人员、新员工、班长、组长		

（三）课程开发者

课程开发者是现场人员，而不是专业的企业讲师。OPL 是全员参与设备保养的一种形式，而不仅仅是一种训练形式。因此，OPL 与改善提案（合理化建议）一样，是提升企业员工参与精神的一种方法。

（四）课程讲授者

课程的讲授者一般是课程开发人员，即自己选课题、自己开发课程、自己讲解课程。为了鼓励一般员工积极讲解课程，OPL 训练的时间为 10 分钟左右，原因之一就是便于一般员工备课。

但如果撰写人确实不善于讲解，也可以由其他熟悉这个专题的员工代为讲解。

　　企业在推行 OPL 活动的初期，一般是由一些现场管理人员、工程师、技术员等来主写和主讲。以此来积累经验和示范带头，逐渐带动一般员工参加到 OPL 撰写和培训中来，实现全员参与 OPL 的目标。

四、OPL 活动推广要领

（一）制定活动规范和激励机制

1. 制定 OPL 活动规范

要想推行 OPL 训练活动，首先要制定活动规范，通过活动规范，让员工明白：

（1）OPL 的概念，推行 OPL 活动对企业的好处、对员工个人的好处；

（2）如何开发 OPL 课程、如何进行 OPL 教材讲解；

（3）上交 OPL 教材和审核 OPL 教材的流程，确定 OPL 教材的审核组织和人选。

2. 确定奖励机制

激励是 OPL 中的一个重要环节，是让这种形式可持续发展的有效手段。对 OPL 的激励应该以"立法"形式固定下来，并且要认真研究 OPL 的评价流程、激励形式、激励强度等。在 OPL 活动之初，对于每个 OPL 课程教材，不论水平高低都适当给予一定编写费，对于每次培训给予一定的报酬，以此来引导 OPL 活动的开展。在 OPL 进入成熟阶段，可以通过优秀 OPL 课程评选、OPL 培训效果评价等方式，定期评选优秀 OPL 编写人、优秀 OPL 讲师，以此来提升 OPL 的撰写水平和培训效果。

·····【范本】▶▶ ·······································

OPL 活动管理规定

1.目的

为确保生产板块 OPL 活动持续、有效地开展，促进知识、经验、技能等的高效沟通与共享，提升员工的参与意识和荣誉感，特制定该管理规定。

2.适用范围

本规定适用于 OPL 教材编写、评审、培训、存档、奖励明细等过程和环节的管理。

3.定义

OPL（One Point Lesson）一般被称为单点课程，又称一点心得教育，是一种在现场进行培训的教育方式。本文件规定生产板块在开展该性质工作时统一称为 OPL，不做其他叫法。

4.职责说明

该管理规定由生产总监授权生产部起草并负责后期的维护、修订、管理等工作。生产、设备、工艺等部门负责人依照生产总监的要求开展本部门的 OPL 活动，生产部统计员负责依照该管理规定执行部分工作，生产调度、PMC 专员、设备班长 / 副班长、设备工程师、工艺员等参与该项活动。

5.管理规定

5.1 OPL 教材的编写

5.1.1 提请要求：如符合以下范围要求，生产、设备、工艺等部门人员可直接到生产部统计员处领取 OPL 教材进行编写。

5.1.2 范围要求如下。

5.1.2.1 基础知识：如设备结构知识、管理方法、理论常识、为人处事心得等（理论性）。

5.1.2.2 5S：整理方法、整顿设计、清扫方法、清洁方法、素养要点、可视化管理、定置管理、色彩管理、分类管理，污染源、清扫困难源、故障源、缺陷源、浪费源及安全隐患源的解决（有针对性适应性强）。

5.1.2.3 规范标准：作业规范标准、设备操作规范标准、清扫规范标准、保养规范标准、润滑规范标准、检查规范标准、维修规范标准（确实性）。

5.1.2.4 改善提案：改善效率、改善质量、改善成本、改善员工疲劳状态、改善安全环境、改善工作态度及合理化提案（可行性）。

5.1.2.5 故障处理：故障维修、精度参数调整、电工技术、紧固措施、防漏治漏、密封、监测（技术性强）。

5.1.3 格式要求如下。

5.1.3.1 编写时使用车间提供的统一模板。

5.1.3.2 命题（主题）简单明了，正文图文并茂，另外，填写、签字的栏目要求标识完整。

5.1.4 内容要求如下。

5.1.4.1 文字描述既要简明扼要又要表达完整，尽量做到不多一寸、不少一厘，同时编写的内容不能出现歧义。

5.1.4.2 内容排版布局合理、美观，若采用图文并茂的方式，其中的图，可以是照片，也可以是绘制的图片。

5.1.4.3 步骤逻辑清晰，简单明了，要做到不用讲解也能看懂。

5.1.4.4 编制的内容不能从已有的操作规程、作业指导书和标准中摘抄。

5.2 OPL 教材的评审

5.2.1 生产部、设备部、工艺部等部门负责人为本部门 OPL 教材的主要评审人，生产调度、PMC 专员、设备班长等可参与评审或在授权下代为评审。

5.2.2 评审时主要查看 OPL 教材的实际性与合理性，内容需在规定范围内、使用格式需符合本规定要求。

5.2.3 如 OPL 教材通过评审，则由评审人在 OPL 表单上写上"通过"字样，并签名确认，如未通过评审，则需写明原因，并签名确认。

5.2.4 对通过评审的表单，由部门负责人提交生产总监批阅。

5.2.5 对通过生产总监批阅的表单，由编写人负责将电子版发送生产部统计员处，以便组织培训。

5.3 OPL 教材的培训

5.3.1 培训原则上由各部门自行组织进行，如主要培训对象为生产一线人员，则由生产部组织进行。

5.3.2 培训地点根据表单内容进行安排，以现场为主，以公司培训室为辅。

5.3.3 培训主要由撰写人担任讲师，如撰写人不善于讲解，也可以由其他熟悉这个专题的员工代为讲解。

5.3.4　培训结果评估工作由培训部门组织进行，评估后表单统一交送生产部统计员处。

5.4　OPL 教材的存档

5.4.1　单据编号说明：采用 8 位编码方式，年 + 月 + 日 + 顺序号，如 22071901，表示 2022 年 7 月 19 日第一份 OPL 教材。

5.4.2　对于通过评审的单据，交由统计员存档，分为纸质版和电子版。

5.4.3　统计员在给单据做好编号后，需建立电子台账，以便后期建立看板使用。

5.5　OPL 教材的奖励明细

5.5.1　对于通过评审的表单，且培训效果评估显示良好，给予撰写人 / 提出人每篇 2.5 分的奖励。

5.5.2　奖励金额将在月度工资中体现。

5.5.3　每月由统计员根据提交上来的 OPL 教材数据，在月度考核表"改善"一栏添加分数。

（二）引发员工对 OPL 活动的重视

OPL 活动推广之初，企业和部门主管应动员、号召每个员工发挥自己的才智，积极撰写 OPL 教材，以引起全员对 OPL 活动的重视。为了让员工积极参与，领导可以鼓励具备优秀经验的员工将自己的经验编写成 OPL 教材，并鼓励他们讲解自己的心得体会。之后，对这样的员工大加表彰和奖励。按照 80/20 法则，20% 的少数一定会带动 80% 的多数前进，逐渐形成人人争相撰写的氛围。

（三）编写和讲解示范带头

在企业推行 OPL 活动的初期，一般是由企业或现场的管理人员、工程师、技术员等进行 OPL 教材编写试点，并进行讲解演练。这会起到两个作用：一是积累经验，二是样板带动。

企业进行 OPL 活动的初期，需要一些技能水平较高、讲解训练水平较高的骨干人员摸索经验，将有关 OPL 的理论知识融合到本企业的实际工作当中。随着经验的积累，OPL 编写格式会越来越格式化、标准化，选题、编写与训练辅导的整个流程也会随之成熟和标准化。

这样，这些骨干人员就可以带动一般员工参与到 OPL 撰写和培训中来。

（四）开发方法训练

活动一开始就让一般员工直接编写 OPL 教材，他们会不知所措，所以要先让员工熟悉 OPL 教材编写要求。首先，可以由 OPL 编写试点人员编写有关 OPL 活动的培训材料。然后，根据生产安排情况，利用生产间歇等时间对各部门员工进行培训，如教材编写的技巧和讲解技巧。最后，在现场进行编写示范或练习。

OPL 的撰写不能求全责备，但撰写内容尽可能做到深入浅出、主题明确、简单易懂、逻辑清晰，以便于理解和实践运用。若涉及原理、理论内容，以简单够用为主，避免长篇大论地进行理论描述。为了不造成混乱或者误导，一定要明确分类。OPL 虽然短小精悍，但仍应该体现 5W2H，具体如图 9-1 所示。

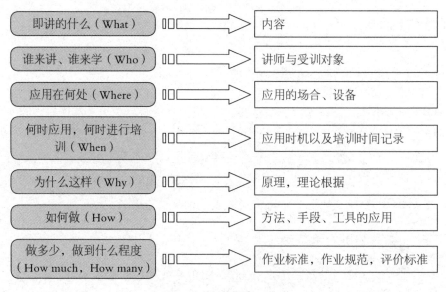

图 9-1　OPL 的 5W2H

为了帮助员工撰写 OPL 教材，企业可以设计 OPL 模板和 OPL 指导卡，具体示例如表 9-3 和表 9-4 所示。

表 9-3 OPL 模板

项目（Project）		类型	基础知识
小组（Team No）			

单点教材（OPL）								
项目			OPL 编号			日期		
类型	●基础知识　○改善　○问题解决		填写人		组长		支柱责任人	

第一步：

第二步：

第三步：

改进前	改进后
放改善前照片	放改善后照片（与改善前同一角度拍摄）

问题描述		改进活动	
实施结果			
培训时间			
讲师			
受训人			

表 9-4　OPL 指导卡

编号：

企业标志	OPL 指导卡							
	主题						部门	
内容	安全		点检		5S		质量	
	维修		保养		操作		其他	
编写人		日期		审核			批准		
学习人员	学习日期	学习人员	学习日期	学习人员	学习日期	学习人员	学习日期	学习人员	学习日期
说明：1. OPL 就是一个简单的培训教材 2. 培训时间不超过 5 分钟 3. 材料要求图文并茂，简单易懂，手画也可以 4. 材料有一定技术含量或技巧 5. OPL 编号方法：事业部代码 + 流水号（四位数：从 001 开始）									

（五）OPL 教材审核

TPM 推进办公室指定一些专业人员组建 OPL 教材审核小组。OPL 评审主要关注于 OPL 的实际性与合理性，只要 OPL 是合理的，又是基本符合实际的，就不应该求全责备，要给予鼓励。员工上交 OPL 教材，OPL 审核小组进行审核后，将审核通过的 OPL 教材反馈给各部门，要求各部门安排时间进行讲解。

讲解完成后，将教材展示到生产现场的管理看板上，这样可以方便更多员工利用空余时间学习和交流。利用这样循序渐进的方式可不断提高员工的技能水平。

（六）实施 OPL 培训

OPL 的课程一般由撰写人来担任讲师，但如果撰写人不善于讲解，也可以由其他熟悉这个专题的员工代为讲解。在 OPL 活动之初，更多的是由一些工程师、技术员、技术骨干来主写和主讲，以此作为典范，逐渐带动其他员工踊跃参加 OPL 撰写和培训。

OPL 培训效果评价有别于其他培训，其主要侧重于对工作改善和绩效提高。如果培训之后改善了工作，提高了效率，减少或避免了损失，则说明 OPL 产生了很好的效果。

（七）OPL 活动的持久化

为了让 OPL 活动做到全员化和持久化，建议采用如下方法。

（1）制定部门目标：每个部门每个月必须编写出一定数量的 OPL 教材。

（2）优秀 OPL 教材评比和展示。每月或每季度由各部门内部评选出一些优秀 OPL 教材，参加企业优秀 OPL 评选，评委评选一定数量的 OPL 教材作为"第 × 批最佳 OPL 教材"。

（3）OPL 活动与改善提案活动结合。将 OPL 的内容作为改善提案的一种进行申报，将两者的激励和发表进行某种程度的统一，将改善提案的全员参与性直接引入 OPL 活动中。

五、OPL 的培训要领

（1）明确说明主题和制定训练记录表（卡）的目的。

（2）根据训练记录表（卡），采用一问一答的方式，使在座的业务小组组员尽量应用自己所掌握的知识并思考自己的工作。

（3）说明时不要只依赖于训练记录表（卡），尽可能准备实物。

（4）进行说明后，一定要实施提问程序，以此确认所有人员是否都理解了说明内容。

（5）对 OPL 要反复进行解释，直到组员能够将其付诸行动为止。而且每次都将听课者名单及听课日期记录在训练记录表（卡），并要求本人签名。

六、OPL 的进行程序

（1）由当班负责人或班长选定必要事项。

（2）对基本原理和参考事项进行修改，使其符合当事部门的情况。

（3）发生故障时，迅速制定 OPL，趁大家对此事的印象清晰时进行教育培训。

（4）应用其他工作现场和业务小组的案例。

（5）明确说明目的。

（6）准备实物，提高理解程度。

（7）说明结束后，通过提问确认理解程度。

（8）如果听者未能完全理解相关内容，就进行反复教育，使其彻底掌握。

（9）将听讲者资料记录在 OPL 和训练记录表（卡）中，并让其签名。

扫码听课

通过学习本书内容，想必您已经了解和掌握了不少相关知识，为了巩固您对本书内容的理解，便于今后工作中的应用，达到学以致用的目的，我们特意录制了相关视频课程，您可以扫描下面的二维码进行观看。

1. 为提升 OEE 而生的 TPM

2. 认识 TPM

3. TPM 的开展过程

4. TPM 活动的八大支柱

5. TPM 的前期管理

6. 设备前期管理的流程和方法

7. TPM 的个别改善

8. 个别改善的推行

9. 个别改善的方法

10. TPM 的自主保全

11. TPM 的计划保全

12. TPM 的保全计划

13. 设备点检——预防
性维护与状态监测保
全管理

14. 设备定修——可靠性
和经济性的最佳配合

15. TPM 的质量保养

16. 质量保养的十大步骤

17. TPM 的事务改善

18. 事务改善的实施

19. TPM 的环境改善
——现场 5S

20. TPM 的环境改善
——目视管理

21. 导入 KYT 危险预
知训练

22. TPM 的教育培训

23. TPM 教育培训方式
——OJT 在岗训练

24. TPM 教育培训的
工具——OPL